精品蔬菜生产技术丛书

茄果类精品蔬菜

（第二版）

赵统敏　潘宝贵　刘　军　赵丽萍　编著

江苏凤凰科学技术出版社 · 南京

图书在版编目（CIP）数据

茄果类精品蔬菜 / 赵统敏等编著. -- 2版. -- 南京: 江苏凤凰科学技术出版社, 2025. 1

（精品蔬菜生产技术丛书）

ISBN 978-7-5713-4229-6

Ⅰ. ①茄… Ⅱ. ①赵… Ⅲ. ①茄果类－蔬菜园艺 Ⅳ. ①S641

中国国家版本馆CIP数据核字(2024)第029952号

精品蔬菜生产技术丛书

茄果类精品蔬菜（第二版）

编 著	赵统敏 潘宝贵 刘 军 赵丽萍
责任编辑	张小平
责任校对	仲 敏
责任设计	孙达铭
责任监制	刘文洋
出版发行	江苏凤凰科学技术出版社
出版社地址	南京市湖南路1号A楼，邮编：210009
出版社网址	http://www.pspress.cn
照 排	江苏凤凰制版有限公司
印 刷	南京新世纪联盟印务有限公司
开 本	890 mm × 1 240 mm 1/32
印 张	5.5
字 数	140 000
版 次	2025年1月第2版
印 次	2025年1月第1次印刷
标准书号	ISBN 978-7-5713-4229-6
定 价	35.00元

图书如有印装质量问题，可随时向我社印务部调换。

致读者

社会主义的根本任务是发展生产力，而社会生产力的发展必须依靠科学技术。当今世界已进入新科技革命的时代，科学技术的进步已成为经济发展、社会进步和国家富强的决定因素，也是实现我国社会主义现代化的关键。

科技出版工作肩负着促进科技进步，推动科学技术转化为生产力的历史使命。为了更好地贯彻党中央提出的“把经济建设转到依靠科技进步和提高劳动者素质的轨道上来”的战略决策，进一步落实中共江苏省委、江苏省人民政府作出的“科教兴省”的决定，江苏凤凰科学技术出版社有限公司(原江苏科学技术出版社)于1988年倡议筹建江苏省科技著作出版基金。在江苏省人民政府、江苏省委宣传部、江苏省科学技术厅(原江苏省科学技术委员会)、江苏省新闻出版局负责同志和有关单位的大力支持下，经江苏省人民政府批准，由江苏省科学技术厅(原江苏省科学技术委员会)、凤凰出版传媒集团(原江苏省出版总社)和江苏凤凰科学技术出版社有限公司(原江苏科学技术出版社)共同筹集,于1990年正式建立了“江苏省金陵科技著作出版基金”，用于资助自然科学范围内符合条件的优秀科技著作的出版。

我们希望江苏省金陵科技著作出版基金的持续运作,能为优秀科技著作在江苏省及时出版创造条件，并通过出版工作这一平台，落实“科教兴省”战略，充分发挥科学技术作为第一生产力的作用，为全面建成更高水平的小康社会、为江苏的“两个率先”宏伟目标早日实现，促进科技出版事业的发展，促进经济社会的进步与繁荣做出贡献。建立出版基金是社会主义出版工作在改革发展中新的发展机制和新的模式，期待得到各方面的热情扶持，更希望通过多种途径不断扩大。我们也将在实践中不断总结经验，使基金工作逐步完善，让更多优秀科技著作的出版能得到基金的支持和帮助。这批获得江苏省金陵科技著作出版基金资助的科技著作，还得到了参加项目评审工作的专家、学者的大力支持。对他们的辛勤工作，在此一并表示衷心感谢！

江苏省金陵科技著作出版基金管理委员会

“精品蔬菜生产技术丛书”编委会

序

（第一版）

蔬菜是人们日常生活中不可缺少的副食品。随着生活质量的不断提高及健康意识的增强，人们对“无公害蔬菜”“绿色蔬菜”“有机蔬菜”需求迫切，这极大地促进了我国蔬菜产业的迅速发展。2002年，全国蔬菜播种面积达1 970万公顷，总产量60 331万吨，人均年占有量480千克，是世界人均年占有量的3倍多；蔬菜总产值在种植业中仅次于粮食，位居第二，年出口创汇26.3亿美元。蔬菜已经成为农民致富、农业增收、农产品创汇中的支柱产业。

今后发展蔬菜生产的重要方向在于发展外贸型蔬菜，参与国际竞争。因此，蔬菜生产必须增加花色品种，提高蔬菜品质，重视蔬菜生产中的安全卫生标准，发展蔬菜贮藏、加工、包装、运输。以企业为龙头，发展精品蔬菜，以适应外贸出口及国内市场竞争的需要。

为了适应农业产业结构的调整，发展精品蔬菜，并提高蔬菜质量，南京农业大学和江苏科学技术出版社共同组织南京农业大学园艺学院、江苏省农业科学院、南京市农林局、南京市蔬菜科学研究所、金陵科技学院、苏州农业职业技术学院、苏州市蔬菜研究所、常州市蔬菜研究所、连云港市蔬菜研究所等单位的专家、教授编写了“精品蔬菜生产技术丛书”。本丛书共11册，收录了100多种品质优良、营养丰富、附加值高的名特优新蔬菜品种，介绍了优质、高产、高效、安全生产关键技术。本丛书深入浅出，通俗易懂，指导性、实用性强，既可以作为农村科技人员的培训教材，也是一套有价值的教学参考书，更是广大基层蔬菜技术推广人员和菜农的生产实践指南。

侯喜林

2004年8月

序（第二版）

蔬菜是人们膳食结构中极为重要的组成部分，中国人尤其喜食新鲜蔬菜。从营养学的角度看，蔬菜的营养功能主要是供给人体所必需的多种维生素、膳食纤维、矿物质、酶以及一部分热能和蛋白质，还能帮助消化、改善血液循环等。蔬菜还有一项重要的功能是调节人体酸碱平衡、增强机体免疫力，这一功能是其他食物难以替代的。健康人的体液应该呈弱碱性，pH值为7.35~7.45。蔬菜，尤其是绿叶蔬菜都属于碱性食物，可以中和人体内大量的酸性食物，如肉类、淀粉类食物。建议成人每天食用优质蔬菜300克以上。

我国既是蔬菜生产大国，又是蔬菜消费大国，蔬菜的种植面积和产量均呈上升态势。2021年，我国蔬菜种植面积约3.28亿亩，产量约7.67亿吨。随着人们对健康生活的重视，对于绿色、有机蔬菜的需求日益增加，蔬菜在保障市场供应、促进农业结构调整、优化居民饮食结构、增加农民收入、提高人民生活水平等方面发挥了重要作用。

蔬菜生产是保障市场稳定供应的基础。具有规模蔬菜种植基地的家庭农场（含个体生产经营者）、农民专业合作社、生产经营企业等，是蔬菜生产的基本单元，也是蔬菜产业的基础和源头。因此，蔬菜生产必须增加花色品种，提高蔬菜品质，注重生产过程中的安全卫生标准，推进蔬菜贮运加工环节的技术进步和管理水平提升。在优势产区和大中城市郊区，重点加强菜地基础设施建设，着重于品种选育、集约化育苗、田头预冷等关键环节，加大科技创新和推广力度，健全生产信息监测体系，壮大农民专业合作组织，促进蔬菜生产发展，提高综合生产能力。

“精品蔬菜生产技术丛书”自2004年12月出版以来，深受市场欢迎，历经多次重印，荣获教育部高等学校科学研究优秀成果奖科学技术进步奖(科普类)二等奖。为了适应农业产业结构的调整，发展精品蔬菜，并提高蔬菜产品质量，满足广大读者需求，南京农业大学和江苏凤凰科学技术出版社共同组织江苏省农业科学院、南京市蔬菜科学研究所、苏州农业职业技术学院等单位的专家对“精品蔬菜生产技术丛书”进行再版。丛书第二版共11册，收录了100多种品质优良、营养丰富、附加值高的名特优新蔬菜品种，介绍了优质、高产、高效、安全生产关键技术。本丛书语言简明通俗，兼具实用性和指导性，既可以作为农村科技人员的培训教材，也是一套有价值的教学参考书，更是广大基层蔬菜技术推广人员和菜农的生产实践指南。

农业农村部华东地区园艺作物生物学与种质创制重点实验室主任

园艺作物种质创新与利用教育部工程研究中心主任

南京农业大学“钟山学者计划”特聘教授、博士生导师

蔬菜学国家重点学科带头人

侯喜林

2022年10月

目 录

一、彩色椒

辣椒起源于中南美洲热带地区，属于茄科辣椒属，在全球范围内广泛种植，是我国重要的蔬菜作物。彩色椒是指商品果果皮绿色、红色、橙色、黄色、白色、褐色、紫色等辣椒的总称，外形美观，色彩艳丽，品质优良，具有较高的观赏价值和食用价值。近年来，随着辣椒产业化水平的提高，彩色椒已成为农业生态园区、休闲观光农业园区等优选的蔬菜作物，具有较好的市场前景。

（一）植物学特征

1. 根

彩色椒属浅根性植物，根系由主根和侧根组成。主根粗壮，多为纵向生长，可入土 20 ～ 30 厘米；侧根较细，向两侧生长，入土相对较浅，主要分布在植株周边 40 ～ 50 厘米、深 10 ～ 15 厘米的土层中。彩色椒的根系相对较弱，损伤后恢复能力差。根系通过根尖未木栓化的部分吸收土壤水分和营养物质，生产上通常通过移苗切断主根，促进植株根系萌生出大量侧根，增加根系的吸收面积。定植时，应尽量保护好幼苗的根系，缩短缓苗时间。

2. 茎

茎直立，木质部较发达。生产上的彩色椒属无限生长分枝类型：主茎长出 8 ～ 15 片叶时，2 杈或 3 杈分枝，在分杈处生长第一朵花，之后在分枝上不断发生 2 杈分枝且分杈处不断着花，即 2 杈变 4 杈，4 杈变 8 杈，只要条件适宜，植株可无限分枝生长。门椒以下叶腋中腋芽抽生的抱脚枝（侧枝），由于萌发能力较弱，在生产过程中应及时摘除，减少养分消耗，增加通风透光。

3. 叶

叶片有子叶和真叶 2 种类型。子叶对生，长椭圆形，刚出土时为浅黄色，逐渐转为绿色。真叶为单叶，互生，卵圆形、长卵圆形或披针形，先端渐尖，叶面光滑，稍具光泽，少数品种叶面密生茸毛。叶片大小因品种而异，甜椒叶片相对较大。叶片颜色和生长环境密切相关，生产上常利用叶色深浅评判植株营养状况。

4. 花

两性花，多单生，白色为主，为常异交授粉植物，一般异交率在 10% 左右。萼片绿色，不易脱落，花萼基部连成萼筒呈钟形，先端 5 ～ 6 齿。花冠基部合生，呈辐射状，先端 5 ～ 6 裂，基部有蜜腺。雄蕊 5 ～ 6 枚，由花丝和花药组成，花丝呈丝状，花药位于花丝顶端，多为蓝紫色，纵裂散出花粉。雌蕊 1 枚，由子房、花柱和柱头组成，柱头有刺状隆起，便于黏附花粉。按照花柱和花丝的长短差异，可分为长花柱花、等花柱花和短花柱花，长花柱花坐果率最高。

5. 果实

辣椒果实为浆果，食用部位主要为果皮，由外果皮、中果皮和内果皮组成。果实有灯笼形、锥形、牛角形、羊角形、指形、线形、圆球形等多种形状。辣椒绿熟果颜色有浅黄色、浅绿色、绿色、深绿色、紫色等，生理成熟果转为红色、橙黄色等。果实重量因品种而异，从数克到数百克不等，甜椒品种以灯笼形为主，单果重 150 ～ 250 克，果肉厚度 5 ～ 7 毫米。心室数因品种而异，辣椒多为 2 ～ 3 个，甜椒多为 3 ～ 4 个。

6. 种子

辣椒种子主要着生在胎座上，少数着生在种室隔膜上。种子短扁平肾形，淡黄色，略具光泽，少数品种的种子黑色。辣椒种子的大小因品种不同差异较大，千粒重一般为 6.5 ～ 7.5 克。种子寿命一般为 5 ～ 7 年，生产中一般使用 1 ～ 2 年的种子。

（二）生长发育过程对环境条件的要求

彩色椒的生育周期分为发芽期、幼苗期、开花坐果期和商品果成熟期 4 个发育时期，各个发育时期对环境条件有不同的要求。

1. 温度

辣椒喜温怕霜冻，生长发育的界限温度为 12 ～ 35 ℃。种子发芽适宜温度较高，为 28 ～ 30 ℃；幼苗期适宜温度为白天 25 ～ 30 ℃、夜间 18 ～ 20 ℃，温度过高影响花芽分化，过低则生长缓慢；开花坐果期适宜温度为白天 22 ～ 25 ℃、夜间 16 ～ 20 ℃，温度低于 15 ℃或高于 35 ℃则授粉结果率降低，引起落花落果，畸形果率增加；商品果成熟期适宜温度为 25 ～ 30 ℃，温度过高或过低对果实转色不利。地温在 17 ～ 26 ℃适宜彩色椒的根系生长，最适温度为 22 ℃左右。

2. 光照

辣椒属中光性作物，对光照要求不严格，在较长或较短日照条件下都能开花结果。日照时数在 14 小时以内，甜椒的开花结果数会随着日照时间的增加而增多。种子发芽期要求黑暗避光条件，开花坐果期要求中等强度光照，过强光照容易引起光抑制、植株发生病毒病和果实日灼病。冬春季保护地栽培要改善田间透光条件，增加中下层叶片的受光强度，避免植株因弱光照引起落花落果。

3. 水分

辣椒喜湿润的土壤条件，但不耐涝，比较耐旱，过干、过湿均不利于生长。充足的水分是种子发芽的必要条件，但若播种过深或长期水淹则会造成土壤中含氧量降低，不利种子萌发。幼苗期，若土壤含水量过高、积水时间过长，则会导致植株根部发育不良，引起沤根或根腐病等病害，甚至导致植株死亡。开花坐果期和商品果成熟期加强水分管理，不能干旱，保持空气相对湿度 60% ～ 80%、土壤相对含水量 80% 左右。若空气相对湿度偏大，则会影响授粉，诱发多种病害；若土壤供水不足，则易引起落花落果，影响果实外观品质。

4. 土壤与养分

辣椒喜中性和微酸性的土壤，尤以土层深厚、疏松、富含有机质的轻壤土最佳。彩色椒需肥量大，对氮、磷、钾的需求量较高，不同的生长发育阶段对营养成分的需求量也不同。幼苗期，相对需肥量较小；进入开花坐果期后要注意追肥，增加挂果数，促进果实膨大，提高果实品质。基肥以有机肥为主，复合肥为辅，追肥以优质冲施肥、复合肥为主，增施适量的钙、镁、锌、锰、铜等中微量元素肥料，达到抗病、优质、高产的目的。

（三）主要优良品种

彩色椒的来源主要有 2 种：一是国内辣椒育种单位培育，类型多，区域适应性强，种子价格适中。二是从国外引进，外观商品性好，专用性强，种子价格相对较高。

1. 中椒红钻 1 号

中国农业科学院蔬菜花卉研究所育成（图 1–1）。中晚熟，植株生长势中等，株型较直立，始花节位 8.7 节。果实长灯笼形，青熟果绿色，成熟果红色，纵径 9.6 厘米，横径 8.6 厘米，果肉厚 0.68 厘米，3 ～ 4 心室，单果重 226 克，味甜。耐低温弱光，中抗黄瓜花叶病毒病，适合保护地栽培。

图 1–1　中椒红钻 1 号

2. 中椒黄钻 2 号

中国农业科学院蔬菜花卉研究所育成（图 1–2）。中晚熟，植株生长势中等，株型较直立，始花节位 8.9 节。果实方灯笼形，青熟果绿色，成熟果黄色，纵径 10.1 厘米，横径 8.9 厘米，果肉厚 0.6 厘米，3 ～ 4 心室，单果重 221.5 克，味甜。耐低温弱光，抗烟草花叶病毒病，中抗炭疽病，适合保护地栽培。

图 1–2　中椒黄钻 2 号

3. 紫龙

北京市农林科学院蔬菜研究所育成。中早熟，植株生长健壮。果实牛角形，商品果紫色，成熟果红色，果面光滑，品质佳，果长 16 ～ 18 厘米，果宽 4.2 ～ 4.8 厘米，单果重 70 ～ 120 克，微辣。抗病毒病和青枯病，适于保护地和露地栽培。

4. 黄星二号

北京市农林科学院蔬菜研究所育成。植株生长势强，始花节位 10 ～ 11 节。果实灯笼形，青熟果绿色，成熟果黄色，果面光滑，纵径 10.5 厘米，横径 9.5 厘米，单果重 200 ～ 280 克，4 心室为主，味甜，耐贮运。持续坐果能力强，低温耐受性强，抗病毒病，适于保护地栽培。

5. 冀研 201

河北省农林科学院经济作物研究所育成（图 1–3）。中熟，果实方灯笼形，青熟果绿色，成熟果红色，果实鲜红亮丽，硬度高，耐贮运，口感甜脆，商品性优，单果重 220 ～ 250 克，纵径 9.8 厘米，横径 8.9 厘米，果肉厚 0.65 厘米。抗病毒病，中抗青枯病、疫

图 1–3　冀研 201

病、炭疽病，适宜设施早春种植。

6. 金皇冠

河北省农林科学院经济作物研究所育成（图 1–4）。中熟，果实方灯笼形，青熟果绿色，成熟果橘黄色，果形周正美观，口感甜脆，适宜生食或切丝沙拉，单果重 200 ～ 220 克，纵径 9.2 厘米，横径 8.7 厘米，果肉厚 0.6 厘米。抗病毒病，耐疫病，适宜设施春提前及秋延后种植。

图 1-4　金皇冠

7. 冀研 118

河北省农林科学院经济作物研究所育成（图 1–5）。早熟，果实灯笼形，青熟果绿色，成熟果黄色，果面光滑而有光泽，味甜质脆，单果重 230 ～ 250 克，纵径 10.8 厘米，横径 9.4 厘米，果肉厚 0.6 厘米。抗病毒病、耐疫病，适宜设施春提前及秋延后种植。

图 1–5　冀研 118

图 1–6　苏椒黄晶

8. 苏椒黄晶

江苏省农业科学院蔬菜研究所选育（图 1–6）。早中熟，果实方灯笼形，商品果橘黄色，纵径 10 厘米，横径 10 厘米，单果重 130 克，果肉厚，品质好。适宜日光温室或塑料大棚栽培。

9. 苏椒白晶

江苏省农业科学院蔬菜研究所选育（图 1–7）。早熟，果实方灯笼形，商品果乳白色，纵径 10 厘米，横径 9 厘米，单果重 150 克，口感微甜、脆嫩。适宜日光温室或塑料大棚栽培。

图 1-7　苏椒白晶

10. 苏彩椒 1 号

江苏省农业科学院蔬菜研究所选育（图 1-8）。早熟，果实长灯笼形，商品果紫色，纵径 10 厘米，横径 4.5 厘米，单果重 40 克，较辣。耐低温性好，适合塑料大棚栽培。

图 1-8　苏彩椒 1 号

图 1-9　苏彩椒 3 号

11. 苏彩椒 3 号

江苏省农业科学院蔬菜研究所选育（图 1-9）。早中熟，果实牛角形，纵径 18 厘米，横径 5 厘米，果条顺直，商品果紫色，光泽亮丽，味较辣。抗病性强，耐热性突出，适合塑料大棚延后栽培。

12. 黄欧宝二号

先正达公司选育。早熟甜椒杂交一代品种。果实方灯笼形，单果重 200 克，青熟果浅绿色，光泽度好，成熟果黄色，果实口感好。连续坐果能力强，产量高，适宜设施越冬和早春栽培。

13. 曼迪

先正达公司选育。果实灯笼形，果肉厚，纵径 8 ~ 10 厘米，横径 9 ~ 10 厘米，单果重 200 ~ 240 克，坐果率高，成熟后转红色，色泽鲜艳亮丽，果实硬度高，耐贮运。耐寒性好，抗烟草花叶病毒，适合日光温室和早春大棚种植。

14. 黄太极

瑞克斯旺公司选育。果实灯笼形，纵径 8 ~ 10 厘米，横径 9 ~ 10 厘米，单果重 200 ~ 260 克，果肉厚，成熟后转为黄色，商品性好。抗烟草花叶病毒，适于秋冬、早春日光温室和早春大棚种植。

15. 斯妮雅

海泽拉公司选育。早熟，株型紧凑，果实方灯笼形，纵径 10 厘米，横径 9 厘米，单果重 150 ～ 220 克，果肉厚，青熟果绿色，成熟果红色。抗病毒病，坐果能力强，适于设施种植。

16. 科马奇奥

海泽拉公司选育。早熟，株型紧凑，果实方灯笼形，纵径 9 厘米，横径 9 厘米，单果重 150 ～ 220 克，果肉厚中等，成熟后由绿转黄。抗番茄花叶病毒、马铃薯 Y 病毒，耐高温，产出期集中，适于设施种植。

（四）育苗技术

育苗对彩色椒生产具有重要意义。穴盘育苗可以节约用种量，便于苗期管理，节省人力物力的投入，可以有效地控制苗期生长环境条件和防治病虫害，有利于培育壮苗。育苗还便于茬口安排，提高土地利用率。

培育壮苗是彩色椒优质栽培的基础，幼苗质量的好坏对其营养生长和生殖生长、商品果的形成有着直接的关系。壮苗的标准包括：根系发达，侧根数量多，定植时密布基质块周围；茎粗壮，节间短；真叶叶片较大，生长舒展，叶色正常或带光泽；定植时第一花序现蕾；植株生长整齐，无病虫害，无僵苗、纤弱苗、畸形苗。健壮幼苗的抗逆、抗病能力强，对栽培环境的适应性好，定植后缓苗快，成活率高，开花结果早。

1. 播种时期

播种时期应根据彩色椒的品种特性、育苗方式和上市时间确定。不同类型的品种播期不同，绿色、紫色、白色的彩色椒果实均为青熟果色，坐果后 25 ～ 30 天果实充分膨大时即可采收上市，而红色、黄色、橙黄色等彩色椒果实均为成熟（老熟）果色品种，坐果后 50 ～ 60 天果实均匀转色后才可上市。因此，生产上绿色、紫色、白色的彩色椒品种要比红色、黄色、橙黄色等彩色椒品种晚播 30 天左右，这样可保证在同一时期中满足市场对不同果色彩色椒的产品需求。

2. 建设苗床

（1）育苗设施 通常选用设施设备条件好的日光温室、塑料大棚作为育苗设施，苗床要地势高燥，地面开阔，供水、供电方便，排灌便利。近年来，辣椒工厂化育苗发展较快，可为辣椒生产提供优质幼苗（图 1-10）。

图 1-10 辣椒工厂化育苗

（2）苗床消毒　在建设苗床前，彻底清理棚室内外的植株残体、杂草、杂物等。对苗床做消毒处理，通常采用药剂消毒的方法，准备好穴盘、农具等，选用杀虫、杀菌剂喷淋，密闭棚膜闷棚3～5天，揭开棚膜，待气体完全散尽后备用。

（3）苗床建设　耕翻土壤后，按南北方向作畦。最好采用高畦育苗，畦面高度15～20厘米，利于降低苗床的湿度，减轻苗期病害的发生，避免幼苗的徒长。畦面宽度以3～5个穴盘的长度为好，若需搭建小拱棚，则畦面宽度以1.3～1.5米为宜；苗床长度根据育苗数确定，电热温床根据电热线长度确定。冬春季育苗，还可以做成凹形畦面，深度与穴盘高度相同，起到保温效果。

3. 基质装盘

采用50孔或72孔的穴盘，有利于培育壮苗。

基质装盘前，拌入杀虫、杀菌剂，淋洒适量清水，来回翻拌3～4次，充分拌匀。避免基质太干、翻拌不匀，导致底水浇不透或浇不匀，造成种子因吸水不足而产生萌发障碍和出苗不齐。

将准备好的基质填满穴盘即可，注意各穴填充程度要均匀一致，不能压实，也不能出现中空，用板条刮去穴盘上多余基质。装盘完成后，向下按压出深度为0.8～1.0厘米的播种穴，最后在苗床上按顺序将穴盘排好。

4. 播种

（1）播种量　可根据播种方式、种子质量等确定。种子质量好，发芽率高，发芽势强，播种量可少些，质量差的种子播种量要加大。具体确定播种量时，需要考虑每亩需苗量、种子千粒重、纯度、发芽率，并加上安全系数。

保护地栽培一般每亩定植2 000～3 000株，单株定植，种子千粒重一般6.5～7.0克，每亩栽培面积需种量约30克。

（2）播种方法 播种前用喷壶浇透底水，待水完全渗下后播种，每穴播种 1 粒。采用机械播种，可有效提高播种效率（图 1–11）。播后覆盖基质，覆土要均匀。冬春育苗覆土 0.8 厘米，夏秋育苗覆土 1 厘米。覆土过薄，种子萌发易“戴帽”出土；覆土过厚，易造成萌发缓慢或烂种，影响出苗率。冬春育苗，在穴盘上加盖 1 层地膜，搭建小拱棚加盖保温被、草帘、塑料薄膜等保温；夏季育苗，在穴盘上加盖 1 层无纺布、大棚上加盖遮阳网降温保湿。

图 1–11 辣椒机械播种

5. 苗期管理

（1）温度调节 适宜的苗龄是根据育苗床的温度来确定的。影响幼苗生长的环境条件中，以温度最为敏感，苗期一定要注意调节育苗设施内的温度。

播种后白天适宜的温度为 28 ～ 30 ℃，夜间为 18 ～ 20 ℃，地温应为 20 ℃左右。当 50% ～ 60% 种子出土后，应及时揭去苗床表面的覆盖物，以免幼苗徒长，形成高脚苗。出齐苗后室温降低 3 ～ 5 ℃，保持白天 23 ～ 25 ℃、夜间 16 ～ 18 ℃，以利幼苗健壮生长。

冬春季育苗，要做好保温和人工加温措施，确保幼苗不受冷害、冻害（图 1–12）。连续阴雨雪及寒流天气转晴后，宜逐渐揭去草帘，使棚内气温缓慢回升，避免闪秧。

图 1–12　辣椒冬春季育苗

夏秋季采取多种措施降温，使幼苗大部分时间在适宜的温度下生长，苗期在通风口加装防虫网，以防蚜虫和其他害虫进入，在上午 10 时至下午 3 时棚顶要加盖遮阳网以遮光和降温。

为使幼苗尽快适应定植后的栽培环境，在定植前可逐渐降低苗床温度，锻炼幼苗以增强抗逆性，提高定植后成活率。保持苗床温度白天 18 ～ 25 ℃、夜间 10 ～ 15 ℃。

（2）水分管理 彩色椒幼苗对土壤水分要求较高，浇水掌握“干湿交替”的原则，即一次浇透，待基质转干时再浇第二次。应避免育苗基质忽干忽湿，造成幼苗时而缺水萎蔫时而多水徒长。

浇水一般选在正午前或 16 时后，避免中午浇水伤害幼苗根系；若幼苗无萎蔫现象则不必浇水，以降低夜间空气相对湿度，减缓茎节伸长。穴盘边缘的幼苗易失水，可适当多浇水。浇水宜用喷壶喷洒，忌浇大水、过凉水和高温水，这样可以保持基质温度的相对稳定，防止因浇水温度突然变化伤害幼苗。浇水后，在保证苗床温度前提下，适当加大通风量、延长通风时间，降低苗床内的湿度，避免病害发生。在连续阴雨雪天，日照不足且空气相对湿度高时不宜浇水；如果穴盘基质湿度过大，还可以撒入干细土降湿。

定植前要适当控制给水，以幼苗不发生萎蔫、不影响正常发育为宜。定植前 1 天可浇透苗床水，便于起苗时幼苗的根系不散坨，有利于提高成活率，缩短缓苗时间。

（3）肥料管理 夏秋育苗，在整个育苗过程中一般不需再施肥。冬春育苗，若幼苗出现缺肥症状，则应及时追肥，追肥可选用有机肥、复合肥、冲施肥等肥料，随水冲施或叶面喷施。有机肥必须经过充分腐熟、滤渣后使用，浓度以 10 ～ 12 倍稀释液较好；也可用 0.1% ～ 0.2% 磷酸二氢钾溶液，叶面追施 2 ～ 4 次。追肥时间应该掌握在晴天上午 10 时前或傍晚，避开温度较高、容易发生肥害的中午前后。

（4）光照调节 冬春育苗，气温低、光照弱，彩色椒幼苗接受的光照少、时间短，为提高幼苗见光时间，促进幼苗花芽分化，在保证幼苗不受冷害的前提下，白天可尽量早揭晚盖保温被、草帘等覆盖物。揭盖时间根据天气好坏决定。长期连阴雨，可增设太阳灯补光。

夏秋季育苗，温度高、光照强，需要加盖遮阳网遮阴降温（图 1–13）。遮阳网只需覆盖棚顶，两侧留有通风口，以保证幼苗见光。阴雨天，需要撤去遮阳网，让幼苗多见光，避免幼苗徒长。定植前不需覆盖遮阳网，让幼苗逐渐适应定植后的栽培环境。

图 1–13　辣椒夏秋季育苗

（5）幼苗锻炼　为了提高幼苗对定植后环境的适应能力，缩短定植后的缓苗时间，在定植前应进行幼苗锻炼。冬春育苗一般在定植前 7 ～ 10 天开始低温炼苗，其方法是白天注意适当加大通风量和延长通风时间逐渐降低育苗设施内温度，同时适当控制浇水量，降低空气相对湿度。经过锻炼的幼苗，茎变粗壮，叶厚、具光泽，抗逆性增强，根系发达，定植后缓苗时间短，恢复生长快，可提早开花坐果（图 1–14）。

图 1–14　辣椒健壮幼苗

（6）苗期病虫害防治　苗期病害主要是猝倒病、沤根等。猝倒病多发生在冬春育苗床上，从出苗到 2 片真叶期间是防止猝倒病的关键阶段，发现猝倒病病症后，应先将病株及周围的土壤铲除干净，再用药土撒施。虫害主要有粉虱、蚜虫、烟青虫等，夏秋季育苗还需注意地下害虫对幼苗的伤害。具体防治措施见病虫害防治。

6. 穴盘苗运输　运输前，检查幼苗生长情况，确保不将发生病虫害的幼苗定植到生产田中。

穴盘苗的长距离运输，通常在运输前 1 天浇透苗床水，防止运输途中幼苗失水萎蔫。可以采用厢式货车或专用运输车辆运输，也可以将穴盘苗放入专用纸箱后再装车运输（图 1–15）。

图 1-15 辣椒苗装车

（五）主要栽培类型及相应栽培技术

彩色椒的栽培方式主要为设施栽培，栽培设施有日光温室、塑料大棚。根据栽培设施和栽培季节的不同，可将彩色椒分为日光温室冬春茬、日光温室秋冬茬、大棚春提早、大棚秋延后等茬口。

1. 日光温室冬春茬栽培技术

日光温室冬春茬栽培重点是解决早春到初夏的市场供应问题，栽培前期为低温弱光条件，生长中后期天气逐渐转暖、光照充足，栽培管理相对比较容易，经济效益好（图 1-16）。

（1）品种选择 日光温室冬春茬栽培属于早熟栽培，要求品种兼顾早期与中后期产量，耐低温弱光，植株生长势强，能保持较强的坐果能力，果实商品性好，产量高，抗逆性强，抗病毒病、疫病、炭疽病等易发病害。

图 1-16　日光温室冬春茬辣椒栽培

（2）培育壮苗

① 育苗时间。日光温室冬春茬栽培，一般彩色椒日历苗龄为 70 ～ 75 天，生理苗龄的大小以定植时大部分植株显蕾为好。一般在 11 月中下旬至 12 月上旬播种育苗。

② 育苗方法。育苗苗床建设在日光温室内，要求地势高燥、排水良好。播种前进行床土消毒，以防土中带菌，感染幼苗。选用 50 穴或 72 穴的标准穴盘及辣椒育苗专用基质。

出苗前保温保湿，当 60% 以上种子出土后，应及时揭去苗床表层的覆盖物。出苗期温度应保持白天 28 ～ 30 ℃、夜间 18 ～ 20 ℃，地温应为 20 ℃左右。幼苗出土齐苗后，可适当降低床温，保持白天 23 ～ 25 ℃、夜间 16 ～ 18 ℃。苗床湿度以偏干为好，床土干燥时选择晴天中午浇水，以防降低地温。阴雨雪天不宜浇水。视幼苗长势，选用叶面肥或冲施肥追肥 2 ～ 3 次。苗期病虫害主要有猝倒病、立枯病、白粉虱、蚜虫和茶黄螨等，注意及时防治。定植前 7 ～ 10 天，逐渐加大通风量，降低苗床温度，进行低温炼苗。

（3）定植前准备

① 茬口安排。选择前茬为非茄科作物的日光温室栽培，前茬作物收获后，及时清洁田园，清除植株残体，深翻土地，冻垡晒土，可有效改良土壤结构、杀灭土壤中越冬的病原菌。也可采用药剂消毒，密闭温室，5 ～ 7 天后通风。

② 施足基肥。日光温室应提前 20 ～ 30 天扣棚，提高室内气温及地温。结合整地，施足有机肥。每亩施入腐熟有机肥 3 000 千克以上、复合肥 50 千克、饼肥 100 千克。

③ 整地作畦。深翻土壤后，在开沟的位置上起垄，垄高 15 ～ 20 厘米，铺好地膜，四周压实（图 1–17）。每畦定植 2 行，行距 70 ～ 80 厘米，株距 35 ～ 40 厘米，单株单穴。

图 1–17　日光温室高垄栽培

（4）定植

① 适时定植。北方地区通常在2月底至3月上旬定植，4月上中旬开始采收上市。长江流域地区通常在1月中旬至2月中旬定植。

② 定植密度。根据彩色椒的特征特性而定。对生长势较旺、株幅宽、叶片密、果形大、熟性中等的品种可适当稀植；对株型直立、叶片稀、熟性早的品种，适当密植。一般每亩定植2 200 ～ 2 400株，采收期长的密度宜小些。

③ 定植方法。定植宜在无风晴天上午进行。定植前1天浇透幼苗水。将幼苗从穴盘中轻轻取出，注意保护好幼苗的茎基部和根系，摆入穴中，扶正，压实。幼苗定植时深度要适宜，不能过浅或过深，一般以根坨表面略低于垄面为宜。定植后及时浇足定根水。

（5）田间管理

① 温度管理。定植后初期，外界气温低，采用保温被等覆盖，保证辣椒不受低温危害（图1–18）。要求白天保持28 ～ 30 ℃、

图1–18 利用保温被覆盖

夜间 18 ～ 20 ℃。缓苗后，为防止植株徒长，促进坐果，应适当降温，白天控制在 25 ～ 28 ℃，超过 35 ℃要放风，夜温以 16 ～ 18 ℃为宜，不能超过 20 ℃，否则幼苗生长细弱，易早衰和落花落果。立春后，进入结果盛期，外界气温已回升，应注意增加通风量，白天通过放风，调节温室内的温度、湿度，使室内白天温度控制在 25 ～ 27 ℃，夜温不低于 15 ℃。当外界气温稳定在 15 ℃以上时，可将薄膜卷起，固定在温室前横梁上。进入炎夏季节，要防止高温危害，可将薄膜进一步上卷，并打开后墙的通风帘，加强通风降温。

② 水肥管理。根据植株长势，采用水肥一体化装置补充水肥（图 1-19）。缓苗后，根据土壤墒情浇 1 次缓苗水。门椒开始膨大时，为促进果实膨大和新枝不断形成，保证植株连续开花坐果，要加强水肥管理，选晴天浇 1 次透水，每亩追施复合肥 20 ～ 25 千克。立春后，进入结果盛期，气温升高，一般 5 ～ 7 天浇 1 次

图 1-19　辣椒水肥一体化供肥装置

水，每隔 15 天左右追肥 1 次，10 天左右叶面喷肥 1 次，选用 0.2% ～ 0.3% 磷酸二氢钾叶面喷施，同时增施含钙、硼、锌等中微量元素肥料，提高植株开花坐果性能。总之，要本着氮、磷、钾与中微量元素配合使用和“少吃多餐”的原则，切忌一次大量追施氮素化肥。

③ 光照调节。为保证植株进行高效的光合作用，应尽量选用流滴、防尘、抗老化的农膜覆盖，增加阳光的透射率。在保证温度的前提下，尽可能早揭晚盖草帘，延长温室内的光照时间，提升温室内的温度。在温室后墙挂反光幕，并随时调整挂幕角度，保持最好的反光效果；用石灰将温室内墙涂白，同样具有反光作用。

④ 植株调整。日光温室冬春茬彩色椒栽培常采用三干整枝方式（图 1–20）。每株选留 3 条长势强壮的枝条为主枝，门椒和 2 ～ 4 节的基部花蕾应及早疏去，以主枝结椒为主，及早剪除其他分枝和侧枝，在密度较小情况下，植株中部侧枝可留 1 个椒后摘心，始终保持整株有 2 条壮枝结果。采用塑料吊绳来固定植株，每个主枝 1 根吊绳拴住基部；也可用竹竿搭围栏来固定植株。及时清除老叶、病叶，以利通风透光。

图 1–20　辣椒三干整枝

⑤ 保花保果。彩色椒花在低于 10 ℃时则难以受精，冬春茬栽培，除加强温、光、

水、肥等田间管理外，可在室温低于 20 ℃和高于 30 ℃时采用生长调节剂喷花保果。

⑥ 病虫害防治。彩色椒主要病虫害有病毒病、疫病、蚜虫、茶黄螨、烟青虫等。感染病毒病对产量的影响较大，要以预防为主，培育无病壮苗，定植后通过科学调控温、光、水、肥，促进植株健壮生长，避免或缓解病毒病危害，发现病株后及时拔除并带出棚外深埋；同时注意防治粉虱、蚜虫，防止病毒病的大面积传染。对于疫病、根腐病等土传性病害，可通过水旱轮作、高温闷棚等农业措施预防。对茶黄螨、烟青虫等虫害，要注意在发生初期防治。

（6）适时采收 果实达到商品果要求后即可采收上市。对于白色、绿色、紫色等彩色椒，自开花到商品果采收一般需 25 ～ 30 天。彩色椒枝条脆而易折，可用剪刀采收，轻拿轻放，分类上市。从 3 月中下旬开始采收，五一节前后进入盛果期，应结合市场价格，灵活掌握采收期，并通过贮藏争取最大经济效益。

2. 日光温室秋冬茬栽培技术

日光温室秋冬茬栽培重点是面向国庆至春节期间的市场供应，栽培前期为高温强光条件，植株易感染病毒病，生长中后期温度逐渐降低，光照变弱，不利于果实转色。

（1）品种选择 选用早中熟、抗病毒能力强、耐高温、耐贮运的彩色椒品种。

（2）培育壮苗

① 育苗时间。日光温室秋冬茬栽培，幼苗定植时应具有 7 ～ 9 片真叶，日历苗龄 30 天左右。不同地区的播种期因当地气候及育苗设施的差异而略有不同，一般在 7 月中旬至 8 月上旬播种育苗。

② 育苗方法。秋冬茬栽培，播种时正值高温季节，需要遮蔽育苗设施，通常选择地势高燥、排水良好、通风条件好的棚室制作

苗床，并预备遮阳网、防虫网等配套设施材料。选用 50 穴或 72 穴的标准穴盘及辣椒育苗专用基质。播种后，覆盖无纺布、遮阳网保湿。

出苗过程中，注意基质的保湿，防止幼苗“戴帽”出土。齐苗后，及时揭去覆盖物，白天气温高时，需用遮阳网遮阴降温，使苗床温度不超过 30 ℃。幼苗破心后，苗床基质以偏干为好，发白干燥时选择早晨或傍晚浇水，阴天和雨天不宜浇水或少浇水。适当控制水分，以防高温高湿导致幼苗徒长，并诱发猝倒病、立枯病等病害。苗期一般不需要追肥，若幼苗出现缺肥症状，则可结合浇水喷施叶面肥或冲施肥 1 ～ 2 次。

（3）定植前准备

① 茬口安排。选择前茬为非茄科作物、地势高燥、土层深厚、土壤肥沃、富含有机质的日光温室。前茬作物收获后，彻底清洁田园，清除植株残体和田间杂草。深翻土壤，关闭所有风口，严格保持温室密闭，可使地表下 10 厘米处最高地温达 70 ℃、20 厘米深处地温达到 45 ℃，维持 7 ～ 10 天，利用高温消毒，以杀灭病虫。

② 施足基肥。日光温室秋冬茬栽培，按每亩施用腐熟有机肥 5 000 千克、饼肥 100 千克、复合肥 50 千克，结合整地，将肥料深翻入土，与土壤充分混合。

③ 整地作畦。通常采用高垄栽培，垄高 15 ～ 20 厘米。

（4）定植

① 适时定植。秋冬茬苗龄较短，当幼苗长出 8 ～ 12 片真叶、苗龄 30 ～ 40 天时即可定植，通常在 8 月中下旬至 9 月初定植。

② 定植密度。根据品种特征特性而定，对生长势旺、开展度较大、叶量较大、果大、中晚熟的品种，可适当稀植；对叶量较少、叶片较小的早熟品种，可适当密植；春节采收后即拉秧的密度宜

大些。一般按定植行距 70 ～ 80 厘米，株距 40 ～ 45 厘米，单株单穴，每亩定植 2 200 ～ 2 400 株。

③ 定植方法。幼苗达到壮苗标准后即可定植。定植前 1 天浇透幼苗水。选择晴天下午或阴天定植，按株距打穴，从穴盘中轻轻取出幼苗，注意保护好幼苗的茎基部和根系，避免土块松散，影响植株缓苗。定植后，一次性浇足定根水。

（5）田间管理

① 温度管理。定植后至缓苗前，通过遮阴降温，以促进幼苗缓苗、发棵。缓苗后，通过调节通风量来控制温度，保持白天 25 ℃、夜间 20 ℃左右。随着外界气温的下降，需要逐渐缩小通风量和缩短通风时间。从坐果后到采收阶段要尽可能增温、保温和增加光照，及时覆盖草帘，墙外培土保温。在生长后期，最低气温降至 10 ℃以下，维持温室内温度白天 20 ～ 25 ℃、夜间 10 ℃以上，以延长辣椒产品的供应期。

② 水肥管理。定植后 3 ～ 5 天内，需要及时补水，促进植株快速缓苗。缓苗结束后，适当控制浇水蹲苗，促进植株根系生长。秋冬茬栽培，前期气温较高，浇水应在早晚进行。门椒开始开花坐果时，结合浇水追肥 1 次，每亩可随水冲施优质复合肥 15 ～ 20 千克，以后每隔 15 ～ 20 天浇 1 次水，根据情况每隔 2 ～ 3 次水追 1 次肥。浇水后注意及时通风排湿。外界气温逐渐下降不便于通风时，既要防寒保温，又要注意降低温室内空气相对湿度。

进入结果盛期后，适当增施二氧化碳可增加光合作用能力，促进其生长发育，显著提高彩色椒产量和品质。追施二氧化碳应严格掌握用量、浓度和施用时间，浓度一般为 800 ～ 1 200 毫升 / 米^3，施用时间应掌握在晴天日出后 1 小时左右，通风前 1 小时左右停止施用。

③ 光照调节。秋冬茬栽培的中后期光照强度低，应在保证温度的前提下，尽量增加薄膜透光度、延长光照时间。尽可能早揭晚盖草帘，以延长温室内的光照时间。要经常清理膜上灰尘和膜内的水滴，保持薄膜的清洁度，增加薄膜的透光率。在温室后墙处张挂反光幕，并随时调整高度和角度，保持最好的反光效果；如无反光幕，也可用石灰将温室后墙及东西墙涂白，同样具有反光作用。

④ 植株调整。定植后至门椒开花前，要及时打去门椒位置下面的侧枝，保留 3 ～ 4 个主枝。进入采收盛期后，枝条繁茂，行间通风透光性差，应尽早摘除内部徒长枝，打掉下部的老叶，以节约养分和有利于通风透光。

⑤ 防止落花落果。近几年来，秋冬茬栽培生长前期的 7 ～ 8 月份，外界气温很高，可达 39 ～ 40 ℃，有时还伴有持续数天的阴雨天气，辣椒徒长及落花落果现象十分严重。一是要做好温度控制，通过遮阴、加大通风等，降低棚内温度；二是坐果前适当控制浇水、追肥，并严禁大水、大肥；三是采用先定植、再铺地膜的方式，前期不覆盖地膜，并培土 1 ～ 2 次，在植株封行前再铺膜；四是做好疏果工作，若作红椒栽培，则每株保留 12 ～ 15 个商品果即可。

⑥ 病虫害防治。日光温室秋冬茬栽培彩色椒前期处于高温干旱季节，植株极易感染病毒病，注意水肥均衡供应，确保植株健壮生长，减少病毒病的发生。田间发现病株应及时拔除并带出田外深埋或烧毁。另外要注意及时防治粉虱和蚜虫。

（6）适时采收　日光温室秋冬茬栽培，一般 10 月中旬开始采收，2 月底采收结束。根据市场行情，可分批采摘，陆续上市；市场行情较好时，有条件的可将采收的辣椒进行贮藏保鲜，保持果实品质、延长供应时间。准备贮藏的果实要在晴天的早晨温度较低时采收，以使果实温度接近贮藏温度。采收时要注意轻拿轻放，避免机械损伤。

3. 大棚春提早栽培技术

大棚春提早彩色椒栽培，前期产品价格相对较高，选择合适的优良品种，提前供应市场，可显著提高经济效益（图 1–21）。

图 1–21 大棚春提早栽培

（1）品种选择 大棚春提早栽培彩色椒，主要目的是争取前期产量，因此，应选择优质、丰产、耐低温弱光、早熟或中早熟品种。

（2）培育壮苗

① 育苗时间。生理苗龄以定植时大部分植株显蕾为好。不同地区的播种期因当地气候、育苗设施的差异而不同。一般在 12 月中下旬至 1 月上旬开始播种育苗。

② 育苗方法。选择地势高燥、排水良好的大棚建设苗床，铺设电热线。选用 50 穴或 72 穴的标准穴盘及辣椒育苗专用基质。播种

后，覆盖地膜保湿，搭建小拱棚保温。

出苗前保温保湿，当有 50% ～ 60% 种子发芽出土时，揭去苗床表面地膜。出苗期保持夜温 18 ～ 20 ℃、白天温度不超过 30 ℃，齐苗后白天 20 ～ 25 ℃、夜间 18 ℃左右。苗床基质以偏干为好，床土干燥时选择在晴天中午进行浇水，阴天和雨天避免浇水。视幼苗长势，选用叶面肥或冲施肥追肥 2 ～ 3 次。注意苗期猝倒病和立枯病的防治。移栽前 1 周，逐步揭去小拱棚膜，进行低温炼苗，以适应塑料大棚的栽培环境。

（3）定植前准备

① 茬口安排。选择水旱轮作或前茬为非茄科作物的大棚栽培，前茬作物收获后，立即清洁田园，进行耕翻和晒地。最好在头年的秋冬季将土壤深翻冻垡晒土，改良土壤结构和杀灭土层中的病虫。

② 施足基肥。基肥应以肥效持久的有机肥为主。结合整地每亩施用优质有机肥 3 000 千克、复合肥 50 千克、过磷酸钙 40 ～ 50 千克。有机肥必须充分腐熟后才能使用，否则易造成肥害烧苗，滋生各种病虫害。施肥要求匀撒，不可堆积。

③ 整地作畦。土壤要深耕，耙细耧平，表面不能出现坑洼。一般采用高畦栽培，南北走向，畦宽 80 厘米、高 15 ～ 18 厘米，畦间沟宽 30 厘米。

大棚内结合小高畦采用地膜覆盖提高地温，不但有利于彩色椒根系生长，促进早发棵，提早采收，而且具有良好的保墒和降低棚内空气相对湿度的作用。在定植前 1 个月左右扣好棚膜，密闭大棚，以提高土壤温度，加速土壤熟化进程，改善土壤透气性等理化性状，有利于定植后的植株缓苗。

（4）定植

① 适时定植。根据塑料大棚的保温情况，选择“冷尾暖头”定

植，双层大棚栽培、多层覆盖栽培的可以适当提前定植。通常在2月中下旬至3月上旬定植。

② 定植密度。多采用穴栽，一般每畦栽2行，行距60～70厘米，株距35～40厘米，单穴单株，每亩定植3 200株左右。管理水平较高的农户可以适当增加定植密度，以保证前期产量，争取经济效益的最大化。

③ 定植方法。选择晴天上午9时后定植。定植前1天，浇透幼苗水。按株行距在畦面地膜上打穴。穴盘苗定植深度一般以根坨表面略低于垄面地膜为宜。定植后，一次性浇足定根水。

为了保证前期产量的收获，定植完成后，需要在畦面上搭建小拱棚，再覆盖保温被、无纺布或草帘保温，并在门口内侧悬挂挡风膜，保证棚内温度。

（5）田间管理

① 温度管理。在定植初5～6天的缓苗期内，密闭大棚，棚温白天保持在28～30 ℃，不超过35 ℃不放风，夜温尽可能保持在18～20 ℃。缓苗后，适当降低棚内温度，以防徒长，白天可降到20～28 ℃，超过30 ℃必须放风，夜温以16～18 ℃为宜。开花坐果盛期，外界气温逐渐升高，逐渐撤出大棚内的小拱棚，使大棚内保持适温，需有较大的通风量和较长的通风时间。进入后期高温季节，可将塑料薄膜揭去或四周掀起。

② 水分管理。定植后浇透定根水。在缓苗期内，一般不需要补水，以免因浇水而导致土壤温度降低，不利于植株的缓苗生长。缓苗后浇1次缓苗水，满足植株发棵的需水要求。门椒坐果后根据长势及天气情况浇水，以小水勤浇为宜，一般每隔5～7天浇1次水。

植株生长前期因为温度低，上午以小水浇灌为宜，水温不能过于冰冷。若土壤含水量过高，则会造成根系缺氧窒息，形成生理干旱，引起落叶，甚至引起青枯病、疫病、菌核病、根腐病等土传病害的发生。植株生长中后期因为气温逐渐升高，植株的蒸腾量增大，土壤水分蒸发快，浇水量相应增大，一般在早晚“天凉、地凉、水凉”时段浇水，间隔期也要缩短。

③ 肥料管理。根据土壤养分含量来确定追肥数量，开花坐果期追肥 1 次，结果期一般每隔 15 天左右（每采收 2 ～ 3 次）追肥 1 次。盛果期需要加大追肥量，促进多坐果和果实膨大，同时要及时补充钙肥以降低脐腐病的发生。整个生长期间氮肥用量不能过多，否则会造成植株疯长，坐果率降低。

④ 光照调节。生长前期是低温季节，在植株不受冷害的前提下，尽量揭开草帘让植株多见光，增加大棚内的光照时间，提高光补偿点，增强叶片的光合作用。每天揭去草帘后，要及时清扫膜面的草屑和灰尘。进入 4 ～ 5 月份，光照强度逐渐加大，不利于彩色椒开花结果，甚至会灼伤叶片，发生日灼病。所以要加大通风时间，并在大棚顶膜上加盖遮阳网，降低大棚内温度与光照。

⑤ 植株调整。植株调整宜选择晴天进行，以利于伤口愈合。缓苗后将门椒以下的侧枝全部抹掉，结果后期及时摘除下部的老叶、黄叶、病叶和无效枝，以利通风透光，防止病害蔓延。有些品种会发生倒伏现象，可采用吊蔓或搭架的方式，避免植株倒伏，也有利于农事操作。

⑥ 保花保果。大棚春季栽培前期阶段，由于低温度、弱光照的设施环境，常造成植株的落花落果，因此必须加强水肥管理，防止干旱和积水，保持均衡充足的营养（注意防止偏氮肥），促进植株营养生长与生殖生长的均衡发展。

⑦ 病虫害防治。主要病虫害有疫病、根腐病、蚜虫、粉虱、烟

青虫等，应强化预防，以农业防治为主、化学防治为辅。

（6）适时采收　当果实充分膨大、表面具有光泽时，即可采收上市。对生长势较弱的植株，采收要适当提前，以防坠棵，这样有利于植株正常生长及中后期结果；对生长势较强的植株，适当延收，避免植株生长过旺，不利于植株持续开花结果。关注市场行情，适时采收上市，以争取最大经济效益。

4. 大棚秋延后栽培技术

大棚秋延后栽培的彩色椒产品在国庆节前后即可上市，通过贮藏可在元旦、春节期间持续供应市场。秋冬茬栽培前期高温强光，植株生长发育易受阻，后期温度逐渐降低，光照减弱，不利于果实膨大和转色，因此要求栽培技术较强。

（1）品种选择　大棚秋延后彩色椒栽培，育苗期和生长前期高温多雨，生长后期低温寒冷，应根据当地种植习惯和市场需求，选择适宜当地种植的抗病耐高温，高温条件下坐果良好、坐果集中，耐贮运的品种。

（2）培育壮苗

① 育苗时间。大棚秋延后彩色椒栽培，幼苗的日历苗龄为 30 天左右，一般不超过 35 天。播种过早，高温、强光、干旱等恶劣环境易诱发幼苗病毒病，出现瘦弱苗、徒长苗、病苗；播种过晚则因生长后期低温环境，上部果实不能充分膨大，转色不良，降低了果实的外观品质。一般在 6 月中下旬至 7 月初播种。

② 育苗方法。选择地势高燥、排水和通风良好的大棚建设苗床。选用 50 穴或 72 穴的标准穴盘及蔬菜育苗专用基质。播种完成后，在大棚或搭建的小拱棚上加盖遮阳网以降温保湿。

出苗前注意保湿。出苗后加强通风，晴天中午前后，加盖遮阳网，降低苗床温度，避免强光照射苗床。浇水时间以清晨或傍晚为好，中午前后不能浇水。苗期注意避雨管理。大棚秋延后栽培的苗期较短，基质养分可以充分满足幼苗生长需要，一般不需要追肥。注意蚜虫和粉虱的防治，可悬挂黄色诱虫板（简称“黄板”）诱杀，最好使用防虫网隔离虫源。

（3）定植前准备

① 茬口安排。选择水旱轮作（如稻椒轮作）或近 2 ～ 3 年未种植茄科作物的大棚有利于克服连作障碍。前茬作物收获后，及时清洁田园，清除植株残体，深翻土壤。

大棚秋延后栽培利用 7 ～ 8 月的高温条件，进行高温闷棚消毒，土传病害严重时，可结合采用石灰氮消毒（图 1–22）。具体做法是：前茬收获后，保留大棚膜，深翻土壤 25 厘米以上，灌入大水，密闭大棚 15 ～ 20 天，可使 10 厘米土壤内土温达到 60 ～ 70 ℃，不仅可杀死土壤中大部分病菌和害虫，同时还能加速土壤中有机质的腐熟。

图 1–22　使用石灰氮消毒

② 施足基肥。肥料供应以基肥为主，每亩施入有机肥2 500 ～ 3 000千克、三元复合肥30 ～ 50千克。有机肥必须事先充分腐熟，否则会在田间发酵，释放的热能会烧伤幼苗根系，造成植株脱水、逐渐萎蔫甚至死亡。

③ 整地作畦盖膜。通常采用高畦栽培，畦面宽70 ～ 80厘米，沟宽30厘米，沟深15 ～ 20厘米。在行间铺设滴灌软管。

覆盖地膜定植，前期可以防止土壤水分过分蒸发，后期起到保温、降湿、抑制杂草生长作用，可有效控制病虫危害及烂果。

（4）定植

① 适时定植。大棚秋延后栽培，当彩色椒穴盘苗达到壮苗标准时即可定植，一般于7月中下旬至8月上中旬。

② 定植密度。一般按行距50厘米、株距40 ～ 50厘米开穴，每亩定植2 800 ～ 3 200株，每穴单株。

③ 定植方法。选择阴天或晴天下午3时以后定植。定植前浇透起苗水，定植时小心起苗，避免损伤根系。由于气温较高，水分散失较快，为防止植株失水萎蔫，要求边定植边浇足定根水。

（5）田间管理

① 温度管理。定植初期，外界温度较高，光照强，对彩色椒生长不利，可昼夜通风降温，必要时在大棚上加盖遮阳网降温。初花期时，保持白天28 ～ 30 ℃、夜间15 ～ 17 ℃。10月中旬后，白天逐步减少放风，晚间闭棚保温，使白天温度保持在25 ～ 28 ℃、夜间15 ～ 18 ℃。外界气温下降到15 ℃以下时，晚上应开始加盖覆盖物保温，使大棚内的温度白天保持在25 ～ 28 ℃、夜间

15 ～ 18 ℃。当夜间外界温度降至 5 ℃时，为延长辣椒的采收供应期，可在大棚内搭小拱棚或增加二道膜，小拱棚的薄膜白天揭，晚上盖，逐渐缩小放风量和放风时间。

② 水肥管理。生长前期气温偏高、水分蒸发量较大，一般于上午 9 时前“天凉、地凉、水凉”时浇水，防止土壤水分亏缺。严禁在中午气温高的时间段浇水。一般定植后次日补一遍水，缓苗后再浇缓苗水；以后遵循畦面“不干不浇水、干了浇小水”的原则，严禁大水漫灌；生长后期温度下降较快，注意控水。地膜覆盖给直接追肥造成不便，因此大棚秋延后栽培肥料以重施基肥为主，追肥为辅。遇暴雨天气，放下棚膜遮雨，注意清理大棚四周排水沟，雨后及时掀开棚膜通风降湿。

③ 光照管理。在定植初期，温度较高，光照较强，可在大棚外加盖一层遮阳网，降低大棚内的温度和光照，有利于缓苗。在彩色椒生长中后期，外界温度较低，不论晴、阴、雨、雪寒冷天气，每天都要尽量揭开草帘或小拱棚膜增加光照，使植株多见光。

④ 植株调整。植株坐果正常后，要摘除门椒以下的腋芽，对生长势弱的植株，还应将门椒甚至对椒摘除，以集中养分供应上层果实生长。11 月上旬进入初霜期，商品椒已基本形成后，要及时摘心去除嫩梢、无效枝芽和小花蕾，以减少养分消耗，集中供应果实，提高单果重，促进果实转色。

⑤ 病虫害防治。前期注意病毒病、疫病、根腐病的防控。中后期气温较低，为防止弥雾造成棚内空气相对湿度加大，可用烟剂熏蒸防控病害的发生。后期注意灰霉病、白粉病等防控。

（6）适时采收　一般 10 月中旬开始采收，2 月底采收结束。果实一旦遭遇 0 ℃以下低温，则发生冻害易腐烂失去商品性，注意在低温上冻之前及时采收。采后可通过贮藏保鲜，根据市场行情，在元旦、春节期间上市，以获得更高的经济效益。

（六）主要病虫害

1. 猝倒病

（1）主要症状 主要在苗期发病，幼苗被害后，茎基部出现水浸状淡黄绿色的病斑，很快变成黄褐色，并缢缩呈线状，病情迅速发展，有时子叶还未凋落，幼苗便倒伏（图 1-23）。倒伏的幼苗短期内仍为绿色，空气相对湿度大时病株附近长出白色棉絮状菌丝，可区别于立枯病。发病严重时，受病菌侵染，可造成胚轴和子叶变褐腐烂，种子不能萌发，幼苗不能出土。

（2）防治方法 播种前，选用温汤浸种或药剂浸种，对种子进行消毒灭菌处理。选择地势高燥、通风透光、排灌条件良好的棚室建设苗床，并采用高畦、高架育苗。育苗前对棚室、穴盘、农具进行消毒处理，并在基质中拌入杀菌剂。基质发白变硬时，选择在

图 1-23　辣椒幼苗猝倒病

晴天补水，并及时通风换气，降低苗床湿度。切忌大水漫灌、阴天灌水、连续灌水以及苗床积水。

注意在幼苗叶片展平后喷药预防，选用 30% 甲霜·噁霉灵水剂 1 500 倍液，或 72.2% 普力克水剂 800 ～ 1 000 倍液，或 80% 烯酰吗啉水分散粒剂 1 500 ～ 2 000 倍液，叶面喷雾，每隔 5 ～ 7 天喷 1 次，连续 2 ～ 3 次。

2. 立枯病

（1）主要症状 多在彩色椒子叶期发生，受害幼苗基部产生暗褐色病斑，长条形至椭圆形，明显凹陷，病斑横向扩展绕茎一周后，病部出现缢缩，根部逐渐收缩干枯。发病初期，病苗白天出现萎蔫，晚上至翌晨能恢复正常。随着病情的发展，萎蔫不能恢复正常，并继续失水，直至枯死。苗床湿度大时，病害发展迅速，可使幼苗大量死亡。

（2）防治方法 选择在地势高燥、通风透光、排水条件良好的棚室建设苗床。使用包衣种子，或采用温汤浸种、药剂浸种等方式，可有效预防立枯病的发生。加强苗床温度、水分管理，合理控制基质的含水量，注意浇水后的通风换气，促使幼苗健壮生长，避免徒长苗、瘦弱苗、僵苗。

发病初期，选用 72.2% 霜霉威盐酸盐水剂 600 倍液，或 25% 甲霜灵可湿性粉剂 800 倍液，或 64% 噁霜·锰锌可湿性粉剂 500 倍液，或 25% 琥铜·甲霜灵可湿性粉剂 1 200 倍液，或 70% 甲基硫菌灵可湿性粉剂 800 倍液，或 25% 甲霜灵可湿性粉剂 700 倍液，喷雾，每隔 7 ～ 10 天 1 次，视病情连续防治 2 ～ 3 次。

3. 病毒病

（1）主要症状 主要有花叶、黄化、坏死和畸形等 4 种症状。

① 花叶。轻型花叶表现微明脉和轻微褪色，继而出现浓淡相间

的花叶斑纹，植株没有明显矮化，不落叶，也无畸形叶片或果实。重型花叶除表现褪绿斑驳外，叶面凹凸不平，叶脉皱缩畸形，或形成线形叶，生长缓慢，果实变小，严重矮化（图 1–24）。

图 1-24　辣椒病毒病花叶症状

② 黄化。病叶明显变黄，出现落叶现象，严重时，大部分叶片黄化落掉，植株停止生长，落花落果严重。

③ 坏死。病株部分组织变褐色坏死，表现为条斑、顶枯、坏死斑驳及坏斑等症状。此种类型初发病时叶片主脉呈褐色或黑色坏死，沿叶柄扩展到侧枝和主茎及生长点，出现系统坏死条斑，后造成落叶、落花、落果，严重时整株枯死。

④ 畸形。叶片畸形或丛簇型，开始时植株心叶叶脉褪绿，逐渐形成深浅不均的斑驳、叶面皱缩，病叶增厚，产生黄绿相间的斑驳或大型黄褐色坏死斑，叶缘向上卷曲。幼叶狭窄、严重时呈线状，后期植株上部节间短缩呈丛簇状。

（2）防治方法　选用抗病毒病的辣椒品种。在幼苗期、成株期，通过水分均衡供应，提高植株的抗性，有效减轻病毒病对辣椒植株的危害。发现病株后，及时拔除并销毁，同时避免农事操作的接触传染。注意对蚜虫、粉虱、蓟马的防控，采用60目防虫网进行物理隔离，铺设银灰色地膜驱避蚜虫，利用黄色诱虫板诱杀蚜虫、粉虱，利用蓝色诱虫板诱杀蓟马。

播种前，选用10%磷酸三钠溶液浸种20～30分钟，或用0.1%高锰酸钾溶液浸泡15～30分钟。注意处理完毕后，需要用清水将种子冲洗干净后方可播种。

发病初期，选用2%宁南霉素水剂200倍液，或0.5%菇类蛋白多糖水剂250～300倍液，或10%混合脂肪酸水乳剂100倍液，或1.5%烷醇·硫酸铜水乳剂1 000倍液，或20%吗胍·乙酸铜可湿性粉剂500倍液，喷雾，每隔7～10天1次，视病情防治3～4次。

4. 疫病

（1）主要症状 苗期、成株期均可受疫病危害，茎、叶和果实都能发病。苗期发病，茎基部呈暗绿色水浸状软腐。有的茎基部呈黑褐色，幼苗枯萎而死。成株发病，先在辣椒的分杈处出现暗绿色病斑，并向上或绕茎一周迅速扩展，变成暗绿色至黑褐色；若一侧发病则发病一侧枝叶萎蔫；若病斑绕主茎一周发病，则全株叶片自下而上萎蔫脱落，最后病斑以上枝条枯死（图1-25）。叶片受害时，病斑圆形或近圆形，

图1-25 辣椒疫病

直径 2 ～ 3 厘米，病斑边缘黄绿色，中央暗褐色，发病迅速，叶片变为黑褐色，枯缩，脱落。果实发病时，多从果实蒂部开始发病，形成暗绿色水浸状不规则形病斑，边缘不明显，很快扩展遍及全果，颜色加重，呈暗绿色至暗褐色，甚至果肉和种子也变褐色，潮湿时果面长出稀疏的白色絮状霉层。

（2）防治方法 选用对疫病具有抗性的优良辣椒品种。轮作换茬，最好能与水稻、玉米等禾本科作物轮作，或与叶菜类、葱蒜类等蔬菜作物连作。连作障碍严重时，进行高温闷棚、石灰氮处理，灭杀土壤中的病原菌。采用高畦或高垄栽培，禁止大水漫灌，避免田间长时间积水。

发病初期，选用 60% 琥铜 · 乙膦铝可湿性粉剂 500 倍液，或 78% 波尔 · 锰锌可湿性粉剂 500 倍液，或 58% 甲霜 · 锰锌可湿性粉剂 400 ～ 500 倍液，或 64% 噁霜 · 锰锌可湿性粉剂 500 倍液，或 40% 三乙膦酸铝可湿性粉剂 200 倍液，或 25% 甲霜灵可湿性粉剂 600 ～ 700 倍液，或 72.2% 霜霉威盐酸盐水剂 700 ～ 800 倍液，喷淋植株根部防治。也可选用 50% 琥铜 · 甲霜灵可湿性粉剂 800 倍液，或 60% 琥铜 · 乙膦铝可湿性粉剂 500 倍液，或 64% 噁霜 · 锰锌可湿性粉剂 300 倍液，或 25% 甲霜灵可湿性粉剂 1 000 倍液，灌根，每株 50 毫升，每隔 10 ～ 15 天 1 次，连施 2 次。

5. 灰霉病

（1）主要症状 在育苗后期引起烂叶、烂茎、死苗，在保护地中还可以危害成株、花、果等。幼苗染病，子叶先端变黄，后扩展到幼茎，致茎缢缩变细，由病部折断而枯死。叶片染病，病叶表面产生大量的灰褐色霉层，真叶叶片上的病斑呈“V”字形，并有浅褐色的同心轮纹。成株期染病，茎部先发病，茎上初生水浸状不规则斑，后病斑变灰白色或褐色，并绕茎一周发展，使病部以上枝条萎蔫枯死，病部表面生灰白色霉状物。后期在被害的果实、花托、果柄上也长出灰色霉状物。

（2）防治方法　采用水肥一体膜下滴灌方式补水，并加强通风，降低棚室内空气相对湿度；禁止大水漫灌。适时整枝打杈，改善田间通风透光条件；冬春季栽培，连续阴雨雪天，通过早揭晚盖保温被及小拱棚膜，让植株多见光。整枝打杈选择在晴天进行，以加速伤口的愈合，减少病原菌的感染。灰霉病发生后，及时清除病叶、病花和病果，并带出棚室销毁，防止病原菌的扩散。

播种前，可用50%多菌灵可湿性粉剂500倍液浸种2小时；也可选用50%多菌灵可湿性粉剂，或50%福美双可湿性粉剂，用药量为种子重量的0.4%，拌种。

发病初期，选用50%啶酰菌胺水分散粒剂800倍液，或30%吡唑醚菌酯悬浮剂1 500倍液，或50%腐霉利可湿性粉剂1 500～2 000倍液，或40%嘧霉胺悬浮剂1 200倍液，低温阴雨天选用10%腐霉利烟剂，每隔5～7天防控1次，连续2～3次。

6. 炭疽病

（1）主要症状　炭疽病主要危害果实、叶片，果梗也可受害。果实发病时，初现水渍状黄褐色圆斑，很快扩大呈圆形或不规则形，凹陷，有稍隆起的同心轮纹，病斑边缘红褐色，中央灰色或灰褐色，同心轮纹上有黑色小点（图1-26）。潮湿时，病斑表面溢出红色黏稠物，被害果实内部组织半软腐，易干缩，致病部呈膜状，有的

图1-26　辣椒炭疽病

破裂。叶片染病时，初呈水浸状褪色绿斑，后逐渐变为褐色。病斑近圆形，中间灰白色，上有轮生黑色小点粒，病斑扩大后呈不规则形，有同心轮纹，叶片易脱落。

（2）防治方法 选用抗炭疽病的辣椒品种。定植前深翻土壤，多施腐熟有机肥，增施磷钾肥，提高植株抗病能力。根据品种特性、栽培茬口、水肥条件，选择合适的栽培密度，避免过度增加种植密度。适时整枝打杈，及时清除田间杂草，改善田间的通风透光环境。果实商品成熟后，及时采收，避免果实过熟或破损导致发病率增加。

发病初期，选用80%福·福锌可湿性粉剂800倍液，或78%波尔·锰锌可湿性粉剂500倍液，或70%代森锰锌可湿性粉剂400～500倍液，或70%甲基硫菌灵可湿性粉剂600～800倍液，或75%百菌清可湿性粉剂700倍液，或50%多菌灵可湿性粉剂500倍液，或50%苯菌灵可湿性粉剂1 500倍液，喷雾，每隔7～10天1次，视病情连续防治2～3次。

7. 白粉病

（1）主要症状 仅危害叶片，老叶、嫩叶均可染病。病叶下面初生褪绿小黄点，后扩展为边缘不明显的褪绿黄色斑驳，病部背面产出白粉状物。严重时病斑密布，全叶变黄，病害流行时，白粉迅速增加，覆盖整个叶部，叶片产生离层，大量脱落形成光杆，严重影响产量和品质。

（2）防治方法 选用抗病品种。根据品种特性、栽培方式确定种植密度，选择合适的整枝打杈方式，及时清除老叶、病叶、徒长枝叶，加强田间的通风透光管理。均衡水分供应，保持土壤见干见湿；避免过度控水导致土壤含水量和空气相对湿度过低，加速病原菌的传播。及时清除棚室内的枯枝败叶，带出棚外作焚烧或深埋处理。

发病前期或发病初期，选用 20% 三唑酮乳油 2 000 倍液，或 70% 甲基硫菌灵可湿性粉剂 1 000 倍液，或 50% 多菌灵可湿性粉剂 500 倍液，或 50% 苯菌灵可湿性粉剂 1 000 倍液，或 40% 氟硅唑乳油 8 000 ～ 10 000 倍液，或 30% 氟菌唑可湿性粉剂 1 500 ～ 2 000 倍液，喷雾，每 5 ～ 7 天防治 1 次，连续 2 ～ 3 次。

8. 菌核病

（1）主要症状 在辣椒整个生育期均可发生。苗期发病开始于茎基部，病部初呈浅褐色水渍状，空气相对湿度大时，长出白色棉絮状菌丝，呈软腐状，无臭味，干燥后呈灰白色，菌丝体结为菌核，病部缢缩，秧苗枯死。成株期各部位均可发病，先从主茎基部或侧枝 5 ～ 20 厘米处开始，初呈淡褐色水浸状病斑，稍凹陷，渐变灰白色，空气相对湿度大时也长出白色菌丝，皮层霉烂，在病茎表面及髓部形成黑色菌核，干燥后髓空，病部表皮易破（图 1–27）。花蕾及花受害，现水渍状，最后脱落；果柄发病后导致果实脱落；果实发病，开始呈水渍状，后变褐腐，稍凹陷，病斑长出白色菌丝体，后形成菌核。

图 1–27　辣椒菌核病

（2）防治方法 使用温汤浸种方法，对种子进行消毒。实行轮作制度，与禾本科作物实行 3 ～ 5 年的轮作周期。深翻土壤，覆盖地膜，防止菌核的萌发。通过高温闷棚、药剂消毒、晒垡冻垡等物理和化学方法，对土壤消毒。加强水肥管理，增施有机肥，追施优质复合肥，阴雨天气控制浇水量，改善田间通风透光，防止棚室内的空气相对湿度过高。及时剪除病枝病叶、拔除病株，以防病害继续恶化。

种子处理可选用50%异菌脲可湿性粉剂或50%多菌灵可湿性粉剂拌种，用药量为种子重量的0.4%～0.5%。发病初期，选用20%甲基立枯磷乳油1 000倍液，或50%甲基硫菌灵可湿性粉剂500倍液，或50%多菌灵可湿性粉剂500倍液，或50%腐霉利可湿性粉剂1 000倍液，喷雾，每5～7天防治1次，连续2～3次。也可选用烟剂防治，如10%腐霉利烟剂（每亩200～300克），或45%百菌清烟剂（每亩200～250克），每隔10天防治1次，连续2～3次。

9. 根腐病

（1）主要症状 一般在成株期发生，发病部位主要在辣椒根茎及根部。初发病时，枝叶萎蔫，渐呈青枯，白天萎蔫，早、晚恢复正常，反复多日后枯死，但叶片不脱落。根茎部及根部皮层呈水渍状、褐腐，维管束虽变褐，但不向茎上部延伸（图1–28）。根很容易拔起，仅剩少数粗根。

图1–28 辣椒根腐病

（2）防治方法 避免与瓜类、茄果类蔬菜作物连作，宜选择与十字花科、豆科等蔬菜作物轮作，减少病菌在土壤中的积累。7～8月期间，结合高温闷棚，采用石灰氮处理，有效杀灭土壤中的病原菌。采用高垄、高畦栽培，通过水肥一体补水方式，保持土壤半干半湿；注意阴雨天少浇水，避免植株根部积水，禁止大水漫灌。

种子及苗床消毒。种子用 50% 多菌灵可湿性粉剂 500 倍液浸种 1 小时，洗净后催芽或晾干后播种。苗床可用 50% 多菌灵可湿性粉剂，每平方米苗床用药 10 克，拌细土撒施。育苗用的基质或营养土，使用前可用 70% 噁霉灵可湿性粉剂 3 000 ～ 4 000 倍液喷淋，充分拌匀。

在发病前、田间出现中心病株后，及时用药，选用 50% 甲基硫菌灵可湿性粉剂 500 倍液，或 50% 多菌灵可湿性粉剂 600 ～ 800 倍液，或 60% 多菌灵盐酸盐可湿性粉剂 800 倍液，或 50% 苯菌灵可湿性粉剂 1 500 倍液，喷淋植株根部，每 7 ～ 10 天 1 次，连续 3 ～ 4 次。

10. 青枯病

（1）主要症状　发病初期，植株顶端嫩叶急剧萎蔫，夜间或阴雨天可恢复，但很快整株萎蔫不再恢复，呈青枯色。地上部叶色较淡，后期叶片变褐枯焦。病茎外表症状不明显，纵剖茎部维管束变褐色，横切面保湿后可见乳白色黏液溢出，以此区别枯萎病。

（2）防治方法　实行轮作制度，避免连茬或重茬，尽可能与禾本科作物轮作，最好实行稻椒轮作。偏酸性土壤有利于青枯病的发生，可施用生石灰调节土壤的酸碱度。避免大水漫灌，避免田间积水；连续阴雨后骤然放晴，注意加大棚室的通风排湿管理。及时拔除病株，并撒施生石灰粉对病株根际土壤消毒。

发病前期，选用 72% 硫酸链霉素可溶粉剂 4 000 倍液，或 77% 氢氧化铜可湿性粉剂 500 倍液，或 14% 络氨铜水剂 300 倍液，喷雾，每隔 7 ～ 8 天 1 次，视病情防治 2 ～ 3 次。

11. 枯萎病

（1）主要症状　全株性病害。发病初期，病株下部叶片大量脱落，与地表接触的茎基部皮层呈水浸状腐烂，地上部枝叶迅速凋零；有时病部只在茎的一侧发展，形成一纵向条坏死区，后期全株枯死。剖检病株地下部根系也呈水浸状软腐，皮层极易剥离，木质部变成暗褐色至煤烟色。在空气相对湿度大的条件下病部常产生白色的或蓝绿色的霉状物。

（2）防治方法 与非茄科作物实行 3 年以上轮作；对于连作障碍严重地块，最好每隔 2 ～ 3 年，实行水旱轮作（如稻椒轮作）1 次。选用土层深厚、土质疏松、保水保肥性好的沙壤土，避免选择地势低洼的地块。采用高畦或高垄栽培，通过水肥一体适时追肥、浇水，严禁连续灌水、大水漫灌。夏秋高温季节，雨后晴天需要加强通风排湿和遮阴降温管理。田间发现病株后要及时拔除，并对根际土壤作消毒处理。

发病初期，选用每克 2 亿个活孢子木霉菌可湿性粉剂 600 倍液，或 50% 琥胶肥酸铜可湿性粉剂 400 倍液，或 14% 络氨铜水剂 300 倍液，灌根，每株 1 次灌药液 250 毫升，每 7 ～ 10 天 1 次，视病情防治 2 ～ 3 次。

12. 细菌性叶斑病

（1）主要症状 主要危害叶片，在田间点片发生。发病叶片初有黄绿色不规则水状小斑点，扩大后变成红褐色至铁锈色，病斑膜质，大小不等，干燥时病斑多呈红褐色（图 1–29）。温度和湿度适宜时，常引起大量落叶，对产量影响较大，但植株一般不会

图 1–29 辣椒细菌性叶斑病

死亡。

（2）防治方法　与非茄科作物实行轮作，避免连茬、重茬种植。播种前选用温汤浸种或药剂浸种，对种子进行消毒处理。高温高湿时病害蔓延快，注意在浇水后、雨后加强通风管理，降低棚室内空气相对湿度。及时清除田间辣椒枝叶残体、棚室内外杂草，保持田间整洁。

播种前用清水浸种 10 ～ 12 小时，选用 1% 硫酸铜溶液浸种 5 分钟。再选用 50% 琥胶肥酸铜可湿性粉剂拌种，用药量为种子重量的 0.3%。发病初期，选用 72% 硫酸链霉素可溶粉剂 4 000 倍液，或 77% 氢氧化铜可湿性粉剂 400 ～ 500 倍液，或 50% 琥胶肥酸铜可湿性粉剂 500 倍液，或 14% 络氨铜水剂 300 倍液，喷雾，每隔 7 ～ 10 天 1 次，视病情连续防治 2 ～ 3 次。

13. 疮痂病

（1）主要症状　主要危害叶片、茎蔓、果实，尤以叶片上发生普遍。苗期发病，子叶上产生白色坏死小斑点，水渍状，后变为暗色凹陷病斑。如防治不及时，常引起全部落叶，植株死亡。成株期一般在开花盛期开始发病。叶片发病，初期形成水渍状、黄绿色的小斑点，扩大后变成圆形或不规则形、暗褐色、边缘隆起、中央凹陷的病斑，粗糙呈疮痂状（图 1–30）。严重时叶片变黄、干枯、破裂，早期脱落。茎部和果梗发病，初期形成水渍状斑点，渐发展成褐色短

图 1–30　辣椒疮痂病

条斑，病斑木栓化隆起，纵裂呈溃疡状疮痂斑。果实发病，形成圆形或长圆形的黑色疮痂斑。潮湿时病斑上有菌脓溢出。

（2）防治方法　品种间抗病性差异大，注意选用抗病品种。播种前，选用温汤浸种和1%硫酸铜溶液浸种，对种子进行消毒处理。实行轮作制度，发病重的田块与非茄科蔬菜轮作2～3年。及时清除田间病株、病叶、病果，减少病原菌的传播。采用高畦、高垄栽培方式，采用水肥一体化管理，切忌大水漫灌，避免田间积水。改善田间通风条件，浇水后、雨后及时排水，降低棚室内空气相对湿度。

发病初期，选用72%硫酸链霉素可溶粉剂4 000倍液，或硫酸链霉素·土霉素可湿性粉剂4 000～5 000倍液，或77%氢氧化铜可湿性粉剂500倍液，或60%琥铜·乙膦铝可湿性粉剂500倍液，或14%络氨铜水剂300倍液，喷雾防治，每7～10天防治1次，连续2～3次。

14. 根结线虫

（1）主要症状　主要发生在根部的须根或侧根上，病部产生肥肿畸形瘤状结，解剖根结有很小的乳白色线虫埋于其内。一般在根结之上可生出细弱新根，并再度感染，形成根结状肿瘤。在发病初期，地上部分的症状并不明显，但一段时间后，植株表现叶片黄化，生长发育不良，结果少，严重时植株矮小。感病植株在干旱或晴朗天气的中午常常萎蔫，有的提早枯死。

（2）防治方法　使用抗根结线虫的辣椒品种，也可使用抗病性强的砧木进行嫁接育苗。合理轮作，可与葱蒜类蔬菜作物、禾本科作物轮作，最好实行水旱轮作。深翻土壤25厘米以上，降低病原菌在表层土壤中的传播。在7～8月高温期间，通过高温闷棚，杀死土壤中的线虫；对发病严重地块，同时选用石灰氮、生石灰等进行土壤消毒处理；注意消毒后，增施生物肥料，提高土壤中有益微生物的数量和活性。

在大棚休闲期，整地，开沟，沟间距离15厘米，深度15厘米，用40%威百亩水剂3～5升，适量兑水稀释后将药液均匀喷洒于沟内，然后覆土压实，并覆盖地膜，密闭7天后揭开地膜，松土1～2次，可防治线虫，兼治病害、虫害、杂草等。也可选用98%棉隆颗粒剂，每亩用量7.5千克，沟施或撒施。

15. 日灼病

（1）主要症状 阳光直接照射引起的一种生理性病害，主要发生在果实上，特别是大果形的甜椒果实易发生日灼病。果实被强烈阳光照射后，出现白色圆形或近圆形小斑，经多日阳光晒烤后，果皮变薄，呈白色革质状，日灼斑不断扩大。日灼斑有时破裂，或因腐生病菌感染而长出黑色或粉色霉层，有时软化腐烂。

（2）防治方法 合理密植，栽植密度不能过于稀疏，避免植株生长到高温季节仍不能“封垄”，使果实暴露在强烈的阳光之下。可采取一穴双株方式，使叶片互相遮光避免果实暴露在阳光下。在阳光强烈地区或季节，与玉米、豇豆等作物间作，利用高棵植物给辣椒遮阴避光。在高温季节的中午前后，覆盖棚膜或遮阳网，避免阳光直射。加强水肥管理，施用过磷酸钙作基肥，防止土壤干旱，促进植株枝叶繁茂。及时防治病毒病、炭疽病、细菌性疮痂病、红蜘蛛等病虫害，防止植株受害而早期落叶，减少果实日灼病发生。

16. 脐腐病

（1）主要症状 病变发生在果实脐部附近，果实表皮发黑，逐渐成水浸状病斑，病斑中部呈革质化、扁平状（图1–31）。有的果实在病健交界处开始变红，提前成熟。土壤酸化，尤其是沙性较大的土壤供钙不足，易导致辣椒脐腐病的发生；土壤干旱、空气干燥、连续高温、水分供应失调时，容易出现大量的脐腐果。

（2）防治方法 选用中性或微酸性土壤。基肥增施有机肥和钙肥。加强田间管理，保证水分与肥料的均衡供应，特别在初夏温度急剧上升时，注意保持土壤见干见湿，田间浇水宜在早晨或傍晚进行。

图 1–31 辣椒脐腐病

17. 蚜虫

（1）主要症状 成蚜和若蚜群居在叶背、嫩茎和嫩尖危害，吸食汁液，分泌蜜露，可以诱发煤污病，从而加重危害，使辣椒叶片卷缩、幼苗生长停滞，叶片干枯甚至死亡。蚜虫可传播多种病毒。

（2）防治方法 棚室附近的枯草是蚜虫的主要越冬寄主，在秋冬季节及春季要彻底清除菜田附近杂草。在大棚四周安装防虫网，防止蚜虫危害（图 1–32）。蚜虫的天敌有七星瓢虫、草蛉、食蚜蝇等，应注意保护它们并加以利用。

发生初期，选用 1.8% 阿维菌素乳油 3 000 倍液，或 10% 烯啶虫胺水剂 2 500 倍液，或 50% 抗蚜威可湿性粉剂 2 000 ～ 3 000 倍液，或 10% 吡虫啉可湿性粉剂 2 000 倍液，或 5% 啶虫脒可湿性粉剂 2 000 倍液，或 3% 除虫菊乳油 800 ～ 1 000 倍液，或 5% 顺式氯氰菊酯乳油 5 000 ～ 8 000 倍液，喷雾，每隔 5 ～ 7 天防治 1 次，连续 3 ～ 4 次。

图 1-32　大棚两侧采用 40 目防虫网隔离

18. 粉虱

（1）主要症状　成虫或若虫主要群集在叶片背面，以刺吸式口器吸吮汁液，被害叶片褪绿、变黄，植株长势衰弱、萎蔫，甚至全株枯死。棚室白粉虱成虫和若虫均能分泌大量蜜露，污染叶片和果实，引起煤污病，严重降低商品价值。而且蜜露会堵塞叶片气孔，影响植株光合作用，导致减产，一般蔬菜减产 10% ～ 30%，个别发生严重的棚室甚至绝收。白粉虱还可传播病毒病。

（2）防治方法　育苗前，对苗床进行药剂消毒，熏蒸消灭残余虫口，消除杂草、残株，减少中间寄主，通风口增设防虫网，培育“无虫苗”。利用白粉虱的趋黄性，可在栽培地放置黄色诱虫板，每亩设 30 ～ 40 块，置于行间可与植株高度相同，诱杀成虫（图 1-33）。利用人工释放丽蚜小蜂、中华通草蛉等防治白粉虱。

图 1-33　采用黄色诱虫板诱杀害虫

发生初期，选用 17% 氟吡呋喃酮可溶液剂 3 000 ～ 4 000 倍液，10% 吡虫啉可湿性粉剂 2 000 倍液，或 5% 啶虫脒可湿性粉剂 2 000 倍液，或 5% 噻虫嗪水分散粒剂 5 000 ～ 6 000 倍液，喷雾，每隔 5 ～ 7 天防治 1 次，连续 3 ～ 4 次。棚室栽培，每亩选用 20% 异丙威烟剂 150 ～ 250 克，熏蒸防治，同时可防治蚜虫、蓟马等。

19. 蓟马

（1）主要症状　蓟马以成虫和若虫锉吸植株幼嫩组织（枝梢、叶片、花、果实等）汁液，被害的嫩叶、嫩梢变硬卷曲枯萎，植株生长缓慢，节间缩短；幼嫩果实被害后会硬化失去商品性，严重时造成落果。

（2）防治方法　加强田间管理，及时清除田间杂草、病叶，推广地膜覆盖栽培，减少害虫的越冬基数。利用蓟马对蓝色具有强趋性，在田间设置蓝色诱虫板，挂在近植株上部，每亩挂 10 余块，可捕杀大量蓟马。

发生初期，选用20%丁硫克百威乳油600～800倍液，或10%吡虫啉可湿性粉剂2 000倍液，或5%噻虫嗪水分散粒剂1 500倍液，或1.8%阿维菌素乳油3 000倍液，或2.5%多杀霉素悬浮剂1 000～1 500倍液，喷雾防治，注意叶背及地面喷雾，以提高防治效果。

（七）包装与贮藏

1. 包装

按照《辣椒等级规格》（NY/T 944—2006）标准，辣椒产品的包装应符合以下要求：

（1）包装要求 同一包装箱内，应为同一等级和同一规格的产品，包装内的产品可视部分应具有整个包装产品的代表性。

（2）包装方式 产品整齐排放。视体积大小，码放2～3层（灯笼形）或4～5层（羊角形、牛角形、圆锥形）。

（3）包装材质 纸箱包装。瓦楞纸箱应符合《运输包装用单瓦楞纸箱和双瓦楞纸箱》（GB/T 6543—2008）要求。纸箱无受潮离层、无污染、损坏、变形现象，纸箱上留有通气孔。

（4）净含量要求 每个包装单位净含量10千克以下时，允许负偏差≤5%；每个包装单位净含量10～15千克时，允许负偏差≤3%。

（5）限度范围 每批受检样品不符合等级、规格要求的允许误差按所检单位的平均值计算，其值不应超过规定的限度，且任何所检单位的允许误差值不应超过规定值的2倍。

（6）标识 包装箱上应有明显标识，内容包括产品名称、等级、规格、产品标准编号、生产单位及详细地址、产地、净重、采收日期、包装日期。若需冷藏保存，应注明保藏方式。标注内容要求字迹清晰、规范、准确。

2. 贮藏

辣椒果实为浆果，含水量较高，采后保存不当极易腐烂变质。生产中通过控制贮藏的温度和湿度，降低果实呼吸强度，延缓后熟速度，保证果实的商品性。

（1）冷库贮藏 有机械制冷设备的冷库是最理想的贮藏场所，因为温度可以自动控制。在秋冬季贮藏彩色椒，需要考虑后期特别是夜间加温，因为在晚秋或冬季外界气温低，夜温低于 10 ℃时，一般装框堆垛保藏、垛上罩塑料帐，或纸箱包装贮藏。彩色椒采用纸箱包装不能进行长期贮藏，只能短期或供运输用。若贮藏期过长，会表现出失水率高、转红快等现象，对外观品质影响较大。

（2）果实涂膜保鲜 果实采后置 10 ℃下预冷 48 小时后，进行挑拣，去除病、伤及畸形果实，并将果柄剪平（柄长不超过 0.5 厘米），用干净软布擦净果面。用洁净海绵蘸“84–567”固体涂膜剂对果实进行人工涂抹（以果实表面发亮，但无明显黏手感为度）。涂膜处理的果实，呼吸强度明显降低。该方法具有投资小、管理方便的特点，适于农户小规模贮藏。

（3）保鲜膜小袋贮藏 保鲜膜袋的规格为 30 厘米 ×40 厘米，每袋装 1.5 ~ 2.0 千克彩色椒，装完后扎紧袋口，装筐，或直接放在贮藏架上。每周或半个月检查 1 次。

二、樱桃番茄

樱桃番茄是番茄中的一个特殊类型，由于其果形大小和颜色别具特色，品质、风味及营养价值远优于普通番茄，近年来颇为风靡，成为宾馆及高级餐厅备受青睐的高档果蔬，是西餐中凉拌菜的重要原料，也常用作餐厅特色果品供应。由于其果实大小近于樱桃，故有樱桃番茄、微型番茄及迷你番茄之称。

（一）植物学特征

1. 根

樱桃番茄根系发达，种子发芽后30天，秧苗的主根可深入土下38厘米，横向伸展42厘米；发芽后60天，可深入土下86厘米，横向伸展120厘米；发芽后100天可深入土下106厘米，横向伸展可达2.5～3.0米，但绝大部分根系均分布在50厘米以上土层内。

2. 茎

番茄茎的横剖面在幼苗期为圆形，到生长盛期，绝大部分栽培品种变成有棱角有凹沟的形状。茎上着生茸毛，表皮内部薄壁细胞含有油腺，在整枝打杈时，手或衣物接触茎，可见黄绿色带有番茄特殊气味的汁液泌出。

3. 叶

番茄叶为具有小叶的不整形奇数羽状复叶，有小叶5～9片，普通叶为7片。番茄叶片自第一真叶开始，向上有小叶数逐步增加、叶片逐步增大的趋势。叶片有黄绿、淡绿、绿、深绿、蓝绿、灰蓝绿及灰绿等颜色。叶片的形态、颜色、着生方向等是区别品种的重要依据。

4. 花

番茄花为完全花，由花梗、花萼、花瓣、雄蕊及雌蕊5部分组成。花梗着生于花序上，大多数品种于花梗上产生突起的节，果实成熟阶段产生离层。花的颜色为黄色，但随着花朵开放的程度不同而有颜色深浅的变化，初开放的蕾为淡绿色，盛开时为鲜黄色，花谢时为黄白色。番茄大多数花冠向下，即所谓下垂性，有利于自花授粉。

5. 果实

番茄果实是由子房发育的多汁浆果，果皮是发育的子房壁，由外果皮、中果皮、内果皮组成。外果皮是果实最外侧的果皮部分，中果皮肉质多浆，是主要的食用部分，内果皮是来自心皮内侧的表皮。樱桃番茄果实形状大多为圆形到长圆形，其中圆球形居多，果重在10～20克之间。果实有大红、粉红、橙红及黄色等颜色。

6. 种子

种子呈扁平短卵形或心脏形，长轴一端的侧面有稍凹入的脐，种子表面有短而粗的茸毛，呈灰褐色或黄褐色。种子颜色因采收的处理条件而异，其千粒重2.0克左右。

（二）生长发育过程对环境条件的要求

1. 温度

樱桃番茄属喜温作物，对温度比较敏感，温度过高过低都不利生长发育，而且不同的生长发育阶段对温度的要求和反应也完全不同。

苗期最适夜温 13 ～ 14 ℃，昼温 27 ～ 28 ℃，最高温 30 ℃，最低温 10 ℃左右，超过这一温度范围生育受到阻碍。昼温 35 ～ 40 ℃花器受影响形成畸形果，40 ℃以上茎叶停止生长。45 ℃以上茎叶出现日灼，叶脉变成灰白色，引起坏死。8 ℃生长迟缓，5 ℃停止生长，–1 ～ –2 ℃受冻死亡，但经过锻炼的幼苗能忍耐 –3 ℃的低温，弱苗在 2 ℃左右也会受冻害。

樱桃番茄在生长期中需要一定的温差，保护地栽培以昼温 25 ～ 28 ℃、夜温 13 ～ 17 ℃最适宜。结合一天中温度变化，午前应保持 25 ～ 28 ℃，午后在充分换气情况下降到 20 ～ 25 ℃，傍晚前后停止换气，以蓄积能量。

地温以 22 ℃最适，13 ℃时根的机能下降，8 ℃时根毛停止生长，6 ℃时根停止生长，因此栽培中实际土壤低温界限为 13 ～ 14 ℃，高温界限是 33 ℃左右，地温上升到 37 ℃以上时根就停止生长。

2. 光照

樱桃番茄为喜光植物，对光照较为敏感，其光饱和点为 7 万勒克斯。光照充足时，叶面积大，叶肉厚，叶色深，茎叶量增加。生产上除露地栽培外，在温室、塑料大棚、小棚栽培中，各生育时期都存在光照不足的问题。因此，在上述保护地栽培中的光照管理上，应尽量增加光照强度，如改善玻璃、塑料薄膜等覆盖物的透明度等。

3. 水分

樱桃番茄一生需水较多，但从对水分的适应情况来看，它既不耐旱，也不耐涝。在生产上，为实现高产优质的目标，在整个生长期中都必须注意对水分的调控，如在栽培时要选择灌排条件良好的田块，在生长期中要保持土壤湿润，灌溉后及雨后要及时排除积水等。

4. 营养元素

番茄生长需要多种矿质营养，其中大量元素有氮、磷、钾，微量元素有钙、镁、铁、硼、锌、铜、锰等，缺乏其中一种就会对植株生长或开花结果产生不良影响，特别是大量元素氮、磷、钾的影响最为明显。

（三）主要优良品种

果实重在20克左右的小型果番茄统称为樱桃番茄，近年来由于樱桃番茄口感风味佳、效益高，种植面积越来越大，现将市场上销售的优良品种介绍如下：

1. 金陵黛玉

江苏省农业科学院选育的无限生长类型中早熟杂交一代（图2-1）。长势强，连续坐果性好；果实椭圆形，成熟果粉红色，果面棱沟轻；单果重22克左右，果实整齐度好；果实硬度高，耐贮运；酸甜适中，番茄风味浓，综合品质好；抗番茄黄化曲叶病毒病、根结线虫病、枯萎病等。

图2-1　金陵黛玉

2. 和风

江苏省农业科学院选育的无限生长类型中熟杂交一代。长势旺盛，坐果能力强；果实椭圆形，单果重20克左右，幼果有绿果肩，成熟果大红色；可溶性固形物含量9.0%以上，口感风味好；不易裂果，耐贮运；抗根结线虫病、灰叶斑病等。

3. 露比

江苏省农业科学院选育的无限生长类型中早熟杂交一代（图2-2）。长势较强，叶量中等；幼果无绿果肩，成熟果粉红色，色泽亮丽，果实圆形，单果重20克左右；果实硬度较高，耐贮运；口感好，番茄风味浓；综合抗病性强，抗番茄黄化曲叶病毒病。

4. 阳光

江苏省农业科学院选育的无限生长类型杂交一代（图2-3）。生长势强，中早熟品种；果实短椭圆形，成熟果粉红色，单果重20克左右；果实硬度适中，耐贮运；抗番茄花叶病毒病、番茄黄化曲叶病毒病、枯萎病、根结线虫病等。在一定的低温弱光范围内仍能保持良好长势，田间综合性状优良。

图2-2　露比

图2-3　阳光

5. 金陵靓玉

江苏省农业科学院选育的无限生长类型早中熟杂交一代（图 2-4）。长势旺盛，连续坐果能力强，花序长，果实高圆形，单果重 22 克左右；幼果无绿果肩，成熟果粉红色，果色亮丽；硬度高，不易裂果，耐贮运；可溶性固形物含量 8.0% 左右，口感风味好；田间抗病性强，抗番茄黄化曲叶病毒病、枯萎病等。

图 2-4　金陵靓玉

6. 粉晶灵

江苏省农业科学院选育的无限生长类型中早熟杂交一代。长势旺盛，叶量中等；连续坐果能力强，幼果有绿果肩，成熟果粉红色，色泽亮丽，果实短椭圆形，单果重 20 克左右；可溶性固形物含量 9.0% 左右，口感酸甜，风味佳；抗番茄黄化曲叶病毒病、根结线虫病。

7. 千禧

农友种苗（中国）有限公司选育的无限生长类型早熟杂交一代。生长势及抗病性强，果实椭圆形，成熟果桃红色，单果重 20 克左右，风味佳，不易裂果，每花序坐果 14 ～ 31 个，高产，耐贮运，耐凋萎病。

8. 浙樱粉 1 号

浙江省农业科学院选育的无限生长类型早熟杂交一代。生长势强，连续坐果能力强，亩产可达 4 400 千克；果实圆形，幼果淡绿色、有绿果肩，果表光滑；成熟果粉红色，色泽鲜亮；可溶性固形物含量 9.0% 以上，风味品质佳；单果重 18 克左右；具单性结实特征，耐高温和低温性好，栽培中可不用人工激素点花。

9. 圣桃 T6

绿亨科技股份有限公司育成的无限生长类型中早熟杂交一代。长势旺盛；果实短椭圆形，成熟果粉红色，色泽较亮，单果重 25 ～ 30 克；萼片舒长，不易裂果，口感微甜；抗番茄黄化曲叶病毒病，中抗叶霉病、枯萎病、根结线虫病等。

10. 绿宝宝

江苏省农业科学院选育的无限生长类型中熟杂交一代（图 2–5）。长势旺盛，单式总状花序；果实椭圆形，果脐带突尖，成熟果绿色，单果重 35 克左右；口感好，番茄风味浓；果实硬度较高，耐贮运。

图 2–5　绿宝宝

11. 京丹绿宝石

国家蔬菜工程技术研究中心育成的杂交一代（图 2–6）。无限生长类型，生长势强，中熟，总状或复总状花序；果实圆形，幼果有绿色果肩，成熟果绿色，单果重 25 克左右；酸甜风味浓，口感好，品质佳。

12. 彩玉 1 号

国家蔬菜工程技术研究中心育成的杂交一代（图 2–7）。无限生长类型，中熟；果实长卵形带突尖，成熟果红色底面镶嵌金黄条纹，单果重 35

图 2-6　京丹绿宝石

图 2-7　彩玉 1 号

克左右；品质上乘。

13. 金珠

农友种苗（中国）有限公司选育的早熟无限生长类型杂交一代。叶色浓绿，结果力强，1 个花穗可结 16 ～ 70 个果；果实圆形或高圆形，成熟果色橙黄亮丽，单果重约 16 克；可溶性固形物含量可达 10.0%，风味甜美；果实稍硬，裂果少，适于春季和秋季栽培。

14. 夏日阳光

以色列海泽拉优质种子公司选育的杂交一代（图 2-8）。无限生长类型，早中熟；果实圆形，成熟果亮黄色，单果重 15 ～ 20 克，硬度适中，较耐贮运，口感甜爽；抗黄萎病、枯萎病等。每亩定植 2 000 株左右，适合于春、秋、冬季栽培。

图 2-8　夏日阳光

（四）育苗技术

培育壮苗是番茄高产的基础，育苗移栽的主要优点在于：便于安排茬口，缩短在大田中的生长期，提高土地利用率；节约用种量；便于对番茄苗进行集中管理；在保护设施内进行育苗有利于预防自然灾害，人为控制苗期的环境；番茄的初期花芽分化在 2 片真叶期开始，培育壮苗，有利于花芽正常分化，为提高产品品质打下基础；壮苗定植到田间后，具有较高的抗逆能力，并具有优质、丰产的潜在能力。

1. 培育壮苗的基本知识

（1）壮苗的标准 适龄壮苗是指在番茄生产中对不良环境条件具有较强适应性，能够获得高产、优质、高效的秧苗。适龄壮苗既要有适宜的大小，又要生长发育良好。番茄适龄壮苗的标准是：冬季日历苗龄 55 ～ 70 天，夏秋季日历苗龄 25 ～ 35 天。苗高 20 厘米左右，茎粗 0.5 厘米以上，且上下粗细相近，节间短且间隔相等，健壮，具有健全的子叶和 6 ～ 9 片真叶，地上部和地下部发育平衡，根系发达，根色白而且须根多，叶片肥厚，叶部健全，叶色深绿，花蕾饱满，着花数较多，不带病原菌和虫害（图 2–9）。

图 2–9　番茄壮苗

（2）温度与壮苗 番茄育苗时床温一般不宜超过 25 ℃，晴天白天保持在 20 ～ 25 ℃，阴雨天为 15 ～ 20 ℃，晴天夜间为 10 ～ 15 ℃，阴雨天夜间还可稍低些；定植前炼苗时，夜间温度可降低至 5 ～ 8 ℃，白天控制在 15 ℃左右。采用电热线加温的苗床控制适宜土温尤为重要。播种至出苗阶段土层 5 厘米处的土温控制在 25 ～ 30 ℃，出苗后以 20 ～ 25 ℃为宜。为节约用电，在育苗过程中夜间土温宜保持在根系生长的最低温度，即以 7 ～ 10 ℃为宜。

（3）水分与壮苗 番茄苗期适宜的土壤湿度通常保持在田间土壤饱和含水量的 60% ～ 80%。适宜的空气相对湿度是 60% ～ 70%。

（4）基质与壮苗　番茄幼苗生长发育所需的水分、矿质盐类及建成细胞组织所必需的多种元素都要从育苗基质中吸收。一般商品化育苗基质可满足苗期的生长需要。若幼苗弱小、叶片发黄，则可适当追施水溶肥。

2. 育苗方式

番茄育苗方式很多，目前较常用的为穴盘育苗，是以不同规格的穴盘作容器，用草炭、蛭石、珍珠岩等轻质材料作基质，精量播种，通过人工控制使环境适应秧苗生长要求，培育出优质秧苗。

与常规育苗相比，穴盘育苗有许多优点：如机械化生产，省工省力效率高，苗龄缩短10～20天，提高劳动效率5～7倍，苗坨重量只有土坨的十分之一，节省能源和场地，降低育苗成本30%～50%，便于规范化管理，克服了土传病害的传播，定植后无缓苗期，适于机械化移栽，可远途运输等。此外，由于穴盘育苗采用工厂化专业化生产方式，有利于推广优良品种，减少假冒伪劣种子的泛滥危害。这也促使育苗生产实现了专业化、机械化，供苗实现了商品化。

穴盘育苗的技术要点如下：

（1）穴盘选择　为了适应精量播种的需要和提高苗床的利用效率，选用穴盘的规格有32孔、50孔、72孔、128孔等。育苗时需要根据所培育秧苗苗龄不同进行选择。冬春季育苗，苗龄较长，可选用50孔或72孔的穴盘；夏秋季育苗，苗龄短，可选用72孔或128孔的穴盘。

（2）基质准备 可直接选用市售的育苗专用基质，将基质与蛭石按 5 ∶ 3 的比例混匀，浇足底水，以手抓起紧握后手指间微微滴水为度，便于装盘和压穴。

（3）播种期确定 冬春季穴盘育苗主要为早春保护地番茄生产提供用苗，所以播种期要根据早春保护地的定植期来确定。例如，长江中下游地区早春保护地的定植期从 2 月中旬开始至 3 月中旬结束（春塑料大棚），苗龄为 55 ～ 70 天，故播种期在 12 月中旬至 1 月中旬；夏季穴盘育苗是为秋大棚生产提供用苗，苗龄相对短，一般为 25 ～ 35 天，播种期通常定在 7 月上中旬。

（4）播种 机械化播种时，需要采用丸粒化种子。人工播种，则需要精细做到 1 穴 1 粒（图 2-10）。播种数量要计算安全系数，以保证供苗的数量和质量。通常番茄穴盘育苗的安全系数为 10% ～ 20%，如果供苗量为 1 万株，则播种量为 1.2 万粒。播种前首先把配好的基质装在穴盘内，刮平穴盘表面，然后用同型号穴盘 3 ～ 4 个重叠起来作为压穴器，在装好基质的穴盘上压穴深 1 厘米左右。播种后，可用配好的基质或蛭石覆盖，以穴盘上表面盖平为宜（图 2-11）。然后覆盖无纺布，并淋湿无纺布保湿。

图 2-10　播种

图2-11　播种后覆蛭石

（5）苗期管理　播种后3～4天，当穴盘中30%的种子萌发出土时，即可揭去无纺布，以免幼苗下胚轴伸长，导致徒长。夏秋季育苗一般在7～8月份，温度高，光照强，且处于多雨季节，时有暴雨、大风袭击，因此，最好在大棚或温室内育苗；晴天中午，温度时常超过35℃，要覆盖遮阳网进行降温；在设施通风口加装防虫网，以防烟粉虱等害虫进入。定期撒些毒饵可诱杀蟋蟀、尖头蚂蚱等害虫。冬春季气温低时浇水一般应在晴天的上午9时至下午1时之间，这段时间温度相对较高，浇水后苗床温度不至过低。在保证幼苗不受冻害的情况下，尽量揭除小棚上的覆盖物和薄膜，做到早揭晚盖，延长幼苗的受光时间。

（6）成苗标准　春季穴盘育苗商品苗标准视穴盘孔穴大小而异。选用72孔穴盘育苗时，幼苗株高18～20厘米，茎粗4.5毫米左右，叶面积在90～100厘米^2，具6～7片真叶并现小花蕾时，即可定植，需55～70天苗龄。夏季穴盘育苗苗龄需30天左右，株高13～15厘米，茎粗3毫米左右，叶面积30～35厘米^2。

优质的商品苗达到上述标准时，其根系发达并将基质紧紧缠绕，从穴盘拔起后不会出现散坨现象。如果穴盘苗远距离运输，则运输前需浇1次透水。冬春季节，穴盘苗的远距离运输要防止幼苗受冻，应有保温措施；夏天要注意降温保湿，防止失水萎蔫。远距离运输可采用厢式货车或专用运输车辆，也可将穴盘苗放入专用纸箱后再装车运输。

（五）主要栽培类型及相应栽培技术

1. 冬春茬日光温室栽培

冬春茬番茄栽培指秋季播种，冬季生产，春节期间上市，以供应冬春市场为主要目标，生长期可达150天的茬口安排。主要生产设施为日光温室。

（1）品种选择 冬春茬番茄栽培期间正处于低温、弱光、光照时间短、灾害性天气较多的条件下，在品种选择上宜选择耐低温、耐弱光、不易徒长的品种。

（2）播种育苗 冬春茬番茄生产适宜播种期在10月下旬到11月上中旬，苗龄60～70天。

播种到出苗前，一般不进行通风，温度控制在白天25～30℃、夜间18～22℃；定植前7～10天，进行低温锻炼，温度控制在白天15～17℃、夜间10～12℃。

苗期水分管理，不要过湿或过干，若需要浇水，则应选晴天上午进行。播种后到出齐苗前棚内空气相对湿度70%～85%，出齐苗后50%～60%。番茄播种后，经60～70天的管理，在幼苗

6 ～ 7 片叶、现大蕾时，即可定植。

（3）整地定植

① 整地施基肥。定植前清除前茬作物秸秆、杂草等植株残体，消毒闷棚 1 昼夜。结合整地，每亩施优质有机肥 3 000 千克以上、磷酸二铵 30 千克、硫酸钾 25 千克。深翻，耙平，做成小高畦或垄，并铺设地膜。

② 定植。定植时间一般在 12 月下旬至 1 月上中旬。定植应在晴天上午进行，利于活棵。定植密度因不同品种略有差别，一般每亩保苗 2 000 株左右。定植前铺好地膜，四周压实。定植后浇足定根水，用土把定植孔封住以防透气。浇水以穴浇或膜下灌为好，切忌大水漫灌，以免湿度过大，引发病害。栽苗深度以苗坨上表面略低于垄面或畦面地膜为宜。严重徒长苗可卧栽或深栽，但很难获高产。

图 2–12　点花

（4）定植后管理

① 保花保果。冬春茬番茄开花结果前期，温度低，光照弱，花粉发育不正常，易落花落果，即使坐果，畸形果率也较高。生产上常用番茄灵、防落素等植物生长调节剂处理，以促进果实膨大。当同一花序上 3 ～ 4 朵花开放时，可用 20 ～ 30 毫克 / 千克的防落素点花（图 2–12），点花时间以上午 9 ～ 11 时、下午 3 ～ 4 时为宜。为防重复点花，可在药液中加入少量颜色作标

记。也可采用熊蜂授粉（图 2–13），每亩放置 1 箱，蜂箱要轻拿轻放，注意防潮、保温，中午温度高时适当遮光，放在离地面约 0.5 米处（图 2–14）。同时要注意预防熊蜂农药中毒。

图 2–13　熊蜂授粉

图 2–14　蜂箱摆放

② 增温控温。日光温室密封性能要好，达到不放风时不漏风；后墙外培土要超过冻土层，两边山墙也要加厚；温室前屋面底脚要挖防寒沟。日光温室冬季番茄生产地面采用地膜覆盖，既可增温、改良土壤结构，又可减少灌水及降低温室内空气相对湿度，有利于减轻病害。定植后尽量提高温度，利于缓苗，定植初期控制温度白天 20 ～ 30 ℃，超过 30 ℃时适当通风降温，夜间 15 ～ 18 ℃。缓苗后白天温度控制在 20 ～ 25 ℃，夜间控制在 15 ℃左右，可减少养分消耗，有利于开花、坐果。结果期以后，白天温度保持在 20 ～ 25 ℃，前半夜 13 ～ 15 ℃，后半夜 7 ～ 10 ℃，地温 18 ～ 20 ℃，一般不低于 13 ℃。日光温室番茄冬春生产，特别是到 2 月中旬以后，要注意放风，严防高温，长时间高温管理易引起病毒病加重和植株衰秧。

③ 增强光照。冬春茬番茄定植后正处在光照弱的季节，一直到

3 月份。增强光照的管理一般与增温管理相一致。要选择采光保温性能良好的高效节能型日光温室，塑料薄膜选优质透光率高的，并要经常清洁塑料薄膜；采用地膜覆盖，透明地膜既可增温，前期又可增光；张挂反光幕，适当早揭晚盖保温被，以增加光照时间；阴天中午前后也要揭去保温被，以增加温室内散射光。如遇连阴雨天气，可适当进行人工光源补光。及时整枝打杈，摘掉老叶、病叶及挡光严重的叶片。

④ 水肥管理。浇水要在晴天上午进行。当第一穗果坐住并开始膨大时浇水追肥，每亩施复合肥 20 千克，或磷酸二铵 20 千克，或采用水肥一体化技术冲施水溶肥（图 2–15）。盛果期 7 ～ 10 天浇水 1 次，10 ～ 15 天施肥 1 次。每次施肥量控制在每亩追施尿素 15 ～ 20 千克，硫酸钾 10 ～ 15 千克。此外还可补充二氧化碳肥，在第一和第二个花序果实膨大时施 1 次，生产中期再施 1 次。适宜番茄生长的二氧化碳浓度为 0.10% ～ 0.15%，晴天多施，阴雨天或光照不足时，可少施或不施。

图 2–15　水肥一体化

⑤ 病害防治。冬春茬番茄的主要病害有早疫病、晚疫病、灰霉病、叶霉病等，应采取预防为主，综合防治的方法。

⑥ 采收。冬春茬番茄栽培从开花到果实成熟大约需要 60 天。如果温光条件管理较好，则可提早成熟，管理差则延期成熟。冬春茬番茄生产第一穗果着色转红速度较慢，后期因温光条件逐渐变好，果实着色转红速度加快。作为商品果以果实顶部四分之一左右转色时采收为宜。采收过早，青果催熟品质变差；采收过晚，不利于植株和上部果实的生长发育。

2. 早春大棚栽培

早春的气温依然偏低，塑料大棚能为番茄生长发育提供一个适宜的小气候条件，可实现植株早定植、产品早上市的目标，从而显著提高经济效益。

（1）品种选择 应选择在低温、弱光条件下坐果率高，果实生长发育快，抗病性强，商品性好，早熟、丰产、耐贮运的品种。

（2）培育壮苗 可采用电热温床穴盘育苗（图 2–16），能够保证育苗床内不完全受外界气候制约。即使在阴雨雪天气也能确保种子顺利发芽和生长，且育苗所需时间短，秧苗整齐，对培育壮苗十分有利。

育苗期应保持良好的光照条件，并且育苗期间的营养条件对幼苗质量的影响在定植之后还会继续显现。营养元素中，氮、磷对花芽分化及发育尤为显著。适当提高氮素浓度，可使幼苗发育健壮，花芽分化提前，着花节位也可降低；提高磷素浓度，不仅可使花芽提前分化，而且花数也可增多。

图 2-16 电热温床育苗

（3）苗期管理 播种后棚温要保持白天 25 ～ 28 ℃、夜间 18 ～ 20 ℃；有 30% 的幼苗出土后，及时揭开苗床表面地膜等覆盖物，以防幼苗徒长；秧苗出齐后要适当控制水分，及时降温，控制在白天 20 ～ 25 ℃、夜间 12 ～ 15 ℃。早揭晚盖并清扫薄膜上的尘土，以延长光照时间和提高光照强度。

定植前的 7 天左右，加强通风，使秧苗接受低温锻炼。在幼苗锻炼期间，床土水分不应控制过度，否则会因较长时间的低温干旱使幼苗老化。

光照管理的重点是阴天和雨雪天的管理。在雨停雪止后，抓紧时间揭开覆盖物，让幼苗见光。只要幼苗没有受冻的危险，就应大胆见光。如果是在较长时间的雨雪天之后，则应逐步增光，防止伤苗。

（4）整地定植

①冬耕、冻垡、晒垡。在定植前对土壤进行深翻 25 ～ 30 厘米，冻垡、晒垡，有利于幼苗根群的发展，并减少土壤中越冬病原菌。

② 整地施肥。在定植前 15 天扣大棚棚膜，以达到预热棚温和地温、减少雾气的目的。进行精细整地，畦面做到无大土块，畦面平整，利于地膜贴紧畦面。大棚番茄在地膜覆盖以后生长发育快，需从土壤中吸收更多营养，因此要求在整地作畦时，施入足量的基肥。一般每亩施优质农家肥 3 000 千克以上，加施 50 千克过磷酸钙或 25 千克复合肥，采用条施或分层施入方法均匀施下。

③ 定植。幼苗达到定植标准时，在不受冻害的前提下，定植时间愈早愈好。当棚内 10 厘米地温稳定通过 8 ～ 10 ℃、棚内温度最低稳定通过 5 ℃时就可定植。长江中下游地区采用单层棚膜覆盖的，一般 2 月下旬至 3 月下旬定植，双层棚膜覆盖可适当提早。定植前期温度较低，可在畦面上搭小拱棚，再覆盖保温被、无纺布等。

定植时选择晴天上午进行，并在此之前闭棚增温。已铺地膜的可打孔定植；未铺地膜的可定植后再开孔铺膜。定植孔要小，并要轻扶秧苗出孔。定植深度以穴盘根坨营养土的土面与畦面持平为宜，不宜过深或过浅，高脚苗可适当深栽一些。定植后浇定根水，浇水不要过多，以防降低地温，第二天再复 1 次水，以利于缓苗。然后用细土将定植孔封严，避免热量散出，以保持土壤温度，促进缓苗，并防止杂草滋生。

定植时要去除弱苗、病苗、劣质苗等。一般每亩栽 2 000 株左右。

（5）定植后管理

① 温度管理。塑料大棚的热源主要来自太阳辐射热，棚外无覆盖物时，棚内温度往往随昼夜交替、阴晴雨雪及季节的变化而变化。早春大棚番茄在生长前期，重点是防寒保温，加速缓苗。所以定植后 3 ～ 4 天不放风，白天维持棚温 25 ～ 30 ℃、夜间

15 ～ 17 ℃。当棚温超过 30 ℃时，也要进行短时通风降温。缓苗后要降低棚温，并随外界气温的升高，逐渐加大放风量，白天维持棚温 20 ～ 25 ℃、夜间 12 ～ 15 ℃，注意夜间温度不能过低，否则会影响植株正常发育。在果实膨大期可适当提高棚温，保持白天 25 ～ 28 ℃、夜间 15 ～ 17 ℃。外界气温逐渐升高后，撤去大棚内的小拱棚。若棚温超过 35 ℃，则需昼夜放风，直至大棚两侧棚膜全部揭开。

② 水分和湿度管理。在整个生育期，要求水分供应均衡，特别是进入结果期后，土壤更不能过干或过湿。

缓苗结束后到第一穗果膨大期间一般不浇水，确实缺水时，可上午灌小水，灌后闭棚升温，下午通风排湿。第一穗果膨大后浇水，此后经常保持土壤湿润，一般每 7 天左右浇水 1 次。浇水应选择晴天，宜小水勤浇。

在盛果期番茄需水量大，加之气温和棚温高，植株蒸发量大，应增加浇水次数和水量，一般 4 ～ 5 天浇 1 次。浇水应于下午或傍晚进行，有条件的最好采用膜下暗灌或滴灌。

③ 追肥。第一穗果膨大后，每亩追施复合肥 20 千克。盛果期的水肥必须充足，再追肥 1 ～ 2 次，每次每亩追施复合肥 10 千克左右，或用磷酸二氢钾进行叶面喷肥。盛果期后再根据植株的生长情况适当追肥。

④ 搭架吊蔓。秧苗长到 30 厘米左右时就可以搭架或吊蔓。搭架可采用篱笆架、“人”字架、单竿架。扎绳在蔓和架材之间绑成“8”字形，避免蔓和架材之间摩擦或下滑。随着植株生长，绑蔓也应分多次进行，植株每增高 20 ～ 30 厘米，绑蔓 1 次。主茎封顶或摘心后，将茎的上部绑好。

⑤ 植株调整。无限生长类型品种可采用单干整枝或双干整枝。

有限生长类型品种多采用双干整枝。单干整枝即在植株整个生长过程中只留 1 个主枝，其余侧枝全部去除；双干整枝即留 1 个主枝外，再留第一花序下 1 个侧枝，其余侧枝全部去除。

图 2-17　打杈

番茄分枝能力强，需要及时打杈（图 2-17），即去除不需要的侧枝，一般第一次打杈在侧枝长到 5 ～ 7 厘米时较适宜，以后则越早越好。健康植株与有病植株应分开打杈，先打健康植株，后打有病植株，防止病害传播。

无限生长类型品种一般留到需要的果穗数后摘心。

植株调整应在晴天进行，不能在雨天进行，也不能在露水未干时进行，否则容易发生病害。

⑥ 保花保果。应用植物生长调节剂防落素、番茄灵等，浓度在 15 ～ 30 毫克 / 千克之间。喷花时注意保护叶片，特别是保护好生长点免受激素伤害；使用时也要随气温变化调节浓度高低。如果采用熊蜂授粉，则每亩放置 1 箱，放在离地面 0.5 米处；温度较高时在蜂箱上搭盖遮阳网。

（6）病虫害防治　早春茬番茄的主要病害为早疫病、晚疫病、叶霉病、灰霉病、灰叶斑病等。主要虫害为美洲斑潜蝇等。对病虫害应“以防为主，综合防治”。

3. 秋延后大棚栽培

秋延后大棚番茄栽培与早春大棚栽培所处的气候条件正好相反，气温由高逐渐降低，直至初霜来临，生育期较短。为了提高产量与延长供应，需要提前育苗，但常因温度高，病毒病严重，后期则因霜冻危害产量很不稳定，甚至造成很大损失。

（1）品种选择　秋延后番茄栽培的苗期正处于高温季节，极易徒长、发病及遭受虫害，因此宜选用早熟、高产优质、抗病性强、耐热、耐贮运的品种，尤其是抗番茄黄化曲叶病毒病的品种。

（2）播种育苗　播种期对于番茄的品质和产量有很大的影响。如果播种太早，则植株易受高温和强光危害，不仅生长差，且易得病毒病；如果播种太迟，则低温影响果实膨大及转色，易受霜冻危害。一般在7月上中旬播种，苗龄25～35天，8月上中旬定植，10月中下旬开始供应市场，条件好的经过贮藏可供应至元旦，具有较高的经济效益。

苗床要做到避雨、遮阳降温，可设在旧大棚内，利用旧塑料棚膜防雨，在塑料棚膜上面再加盖遮阳网。苗床四周挖排水沟，防止暴雨时积水。周围及附近的杂草应清除掉，避免吸引虫害。

采用穴盘育苗，1穴1粒，盖土厚度1厘米左右，盖土太厚会使出苗时间延长，易形成纤细弱苗，甚至烂种不出苗；盖土过薄，容易造成“戴帽”出土。盖土后床面再覆盖无纺布保湿。

有少部分幼苗出土后即可揭去土表的覆盖物。晴天在日出后2小时左右盖上遮阳网，日落前1小时揭去遮阳网，晚上不盖遮阳网。阴天不宜盖遮阳网。

幼苗出土至 2 片真叶期，湿度不宜过高，要尽量少浇水。一般晴热天气早晚用洒水壶浇水 1 ～ 2 次。苗期一般不追肥，以防止植株徒长。在苗床周围拉上条状银灰色塑料薄膜，可以驱避蚜虫。定期撒些毒饵诱杀蟋蟀、尖头蚂蚱等害虫。出苗后若发生猝倒病，则可用干土拌少量多菌灵或百菌清等真菌性药剂，撒在幼苗周围，可有效进行防治。苗床可悬挂黄色诱虫板诱杀烟粉虱等，并使用防虫网隔离。

秧苗移栽前，应炼苗 4 ～ 5 天，逐渐减少盖网时间。

（3）整地定植

① 整地、施肥、作畦。定植之前将土地深翻 30 厘米左右。根据土壤肥沃程度，结合整地施足腐熟的有机肥，一般每亩施 3 000 千克，再施入 50 ～ 60 千克的过磷酸钙，以满足植株生长发育的需要。施肥后，再浅翻 1 次，使土壤与肥料混匀后再作畦定植。

② 及时定植。秋延后栽培的番茄苗期温度高、光照充足，幼苗生长很快，具有 5 ～ 6 片真叶时即可定植。若营养面积较大，也可在 9 ～ 10 叶期定植，苗龄过长易引起徒长，且大苗会降低成活率。约 8 月中旬至 9 月上旬进行定植。适当晚定植对减轻病毒病有利。

阴天可全天定植，晴天在下午 3 时后定植，以防阳光直射。栽后即浇定根水，要浇透，次日再浇水 1 次，对活棵及提高成活率均有一定作用。定植时所用的幼苗应当是茎粗壮、根系发达的无病虫害苗。一般每亩栽 2 000 株左右。

（4）定植后管理

① 提早覆盖顶膜或遮阳网。覆盖顶膜可减轻蚜虫危害，栽培管理也可不受降雨影响。生长前期外界气温比较高，可采用遮阳网覆

盖，活棵前全天进行覆盖，活棵后则只在中午前后温度较高、光照较强时覆盖，早晚应揭除，以免光照不足影响正常生长。

② 加强水肥管理。浇水以清晨或傍晚为好，禁中午地温较高时浇水。生长前期高温、干旱，必须及时供应水分，在覆盖顶膜后没有降雨影响的情况下更应防止缺水；有暴雨时，应及时排除积水。在施足基肥的前提下，营养生长期一般不需要追肥，以防植株徒长。一般在第一穗果膨大时，进行第一次追肥，每亩施复合肥 20 ～ 25 千克。第二穗果坐果后施复合肥或高钾类水溶肥等，以后在果实采收后追肥 1 ～ 2 次，以满足后期果实膨大时需要，防止植株早衰。

③ 做好保温、防寒工作。进入 9 月中旬以后，外界气温开始下降，为促进果实转色，应做好防寒保温工作。此时要上好大棚的裙膜，白天可将棚裙膜卷起，夜间则逐渐减少通风量。棚温保持白天 25 ℃左右、夜间 15 ℃左右。10 月中旬前后，外界气温下降到 15 ℃左右时，也要进行适当通风、降湿。当夜间温度下降到 12 ℃时，需将棚膜完全放下，白天打开，在下午适当提前落膜关棚。

初霜到来之前，只有少量番茄成熟可以上市，随着温度的进一步降低，还可搭二道棚。若增加覆盖，在保温的同时要注意降低棚内空气相对湿度，避免诱发真菌性病害。

④ 植株调整。秧苗长到 30 厘米左右时就可以进行搭架或吊蔓，及时整枝打杈、去老叶。

9 月下旬至 10 月，当坐果达到所需果穗时，在顶部留 2 片叶摘心，并将多余的花果都疏掉。上述植株调整应在晴天进行。

⑤ 保花保果。为了防止高温引起落花，需用防落素、番茄灵等点花，浓度灵活掌握，一般浓度在 15 ～ 30 毫克 / 千克之间。点花时间一般在上午 8 ～ 10 时，或下午 3 ～ 4 时以后，一般不在中午

点花。可采用熊蜂授粉，每亩放置1箱。

（5）病虫害防治　秋番茄烟粉虱发生重，易发生番茄黄化曲叶病毒病，并因高温多雨易发生黄瓜花叶病毒病、番茄花叶病毒病等病害。中后期易发生叶霉病、早疫病、晚疫病、灰叶斑病等真菌性病害。秋番茄有蚜虫、烟粉虱和棉铃虫等虫害，应及时进行防治。

4. 春季盆栽技术

樱桃番茄既可作水果型蔬菜食用，又可作为盆景来栽培（图2-18）。红色、黄色等不同颜色的果实，绿色的叶子，常年不断开放的花，可以美化居室，既有精神上的享受，又有物质上的享受，具有一举两得的效果。餐桌上放一盘自己栽培采摘的红、黄、绿等多色的樱桃番茄，能增加很多情趣。

（1）品种选择　春季盆栽樱桃番茄以选用有限生长类型的早熟品种为好。该类品种易于矮化、结果集中、观赏性强。

（2）适期播种　一般在12月上旬播种，翌年2月上旬定植，4月上旬第一穗果部分转红，即可出棚上市。此时基本断霜，利于家庭养护。

（3）培育矮化壮苗　有限生长类型3叶期、无限生长类型4叶期，用0.05%的矮壮素浇施，抑制幼苗节间伸长，促使幼苗粗壮。苗期温度不宜过高，以白天20～25℃、夜间不

图2-18　盆栽樱桃番茄

低于 10 ℃为宜，同时应尽量控制浇水。适宜苗龄 60 天左右，待第一花序出现较大花蕾后即可定植入盆。

（4）定植入棚

① 盆土配置。可用 30% 有机肥、70% 的菜园土。也可加入少量的化肥，按每平方米营养土加入磷酸二铵 0.8 千克、硫酸钾 0.5 千克充分搅匀。

② 定植前准备。大棚应提前 10 天扣棚覆膜，花盆栽苗前 1 周装土放于棚内，番茄苗定植前 1 周进行低温炼苗。

③ 定植密度及方法。选用上口直径 25 厘米的薄塑料花盆定植。每 2 行花盆摆成一畦，畦与畦之间留 25 厘米的走道，每盆内采用水稳苗法栽植健壮樱桃番茄 1 株。每亩可摆放 4 500 ～ 5 000 盆。全棚栽好后，用地膜覆盖花盆，走道用废旧的农膜覆盖，以降低棚内空气相对湿度，防止病害的发生。

（5）定植后管理

① 棚室管理。定植后 1 周以防寒保温为主，大棚要密闭，夜间加盖保温被或采用大棚套小棚方式进行多层覆盖，缓苗后应适当通风降温，保持白天 20 ～ 25 ℃、夜间 10 ～ 15 ℃。出棚前 10 天应加大通风量，延长通风时间，进行低温锻炼，以适应外界温度。

② 激素矮化。坐果前可用 0.05% 矮壮素溶液浇施盆土，每株用量：有限生长类型 100 毫升，无限生长类型 150 毫升，施药 1 周后，节间变短，主茎粗壮，叶色浓绿，根系发达，结果集中，可显著提高其观赏性。

③ 植株调整。定植缓苗后应及时插架，用直径 3 ～ 4 厘米、长 60 厘米左右的硬塑料管或竹竿，距植株基部 5 厘米处插入盆中，有条件的外面包以棕榈皮，增强观赏性，亦可用小竹竿插成三角锥形架。以主茎结果为主，当侧枝长到 5 ～ 6 厘米时应及时剪除。无限

生长类型的品种形成3穗花后应摘心，第三穗花上保留2张叶片。黄化的老叶也应及时摘除。在夜温低于15℃，不易坐果时，可用防落素、番茄灵等保花保果。

④ 水肥管理。在坐果后及盛果期追施肥1次，每次每盆用磷酸二铵5克随水浇施于花盆内，以后不需要追肥，盆土表面不干燥可不浇水。出棚后家庭管理以盆土见干见湿为好，每次浇水量不宜大，以盆土湿润为度。

（6）主要病虫害防治 出棚前需要及时防治的主要病害有早疫病、晚疫病、叶霉病、灰霉病等；主要虫害有蚜虫和潜夜蝇。出棚后进入家庭管理一般不需要防治。

5. 秋季盆栽技术

（1）品种选择 秋季栽培，由于温度高、光照强，所以在品种选择上宜选用抗病性强、不易裂果且品质好的樱桃番茄品种。

（2）播种育苗 7月上中旬穴盘育苗，采用干籽直播，每穴1粒种子，播后覆土1厘米左右，并覆盖1层薄膜或无纺布，待出苗后撤除覆盖物。

（3）定植管理 8月份番茄苗入盆定植，定植后浇1次透水，坐果前控制浇水量，果实膨大期保持盆土湿润并适当施肥。

（4）整枝技术

① 连续摘心。可实行双干、三干整枝，株高80厘米左右时，摘去生长点，使植株矮壮，果实成熟一致。对多主干长出的侧枝有1～2穗花序时，上留1～2片叶摘心，使每盆番茄成伞形或扇面形、半球形，让果穗均匀分布其上。在寒冷冬季，居室内温度、光照适宜时，盆栽同样可结出硕果累累的番茄。

② 扭枝、摘叶、打杈。通过扭枝造盆型，增加基本枝的承载能力，提高每盆番茄的坐果率。扭枝作业应在晴天下午进行，切忌在

阴雨或晴天早晨进行，通过扭枝应使植株透光均匀，以利促进果实成熟。摘叶的目的是尽量使果穗坐落在盆表面，基部的黄老叶和枝杈也要及时摘除，以利通风透光，减少养分消耗。打杈也是为了造型，促进植株生长和果实膨大，以利果实见光着色。

③ 利用无限生长的特性。冬季将盆栽番茄放入已封闭的阳台或居室内，并通过塑料绳将盆栽番茄的一枝条向上牵引攀缘，以便充分利用空间，多开花、多结果。用直径为 17 厘米、高 12 厘米的花盆栽 1 棵四蔓整枝的番茄，待长蔓果实收获后，就可换头，更新果枝。盆栽番茄如采用自封顶品种，可以省去摘心工序，养分更能集中供应果实，效果会好一些。采用无限生长型番茄品种时，通过多次摘心换头，同样可以收到良好效果。

（5）病虫害防治 盆栽番茄病虫害极轻，由于居室内空气干燥，要注意经常向叶面喷水和喷 0.3% 磷酸二氢钾，既可防病、防虫，又起到叶面追肥作用。有条件时可每 10 天喷 1 次低毒无臭农药，控制病虫害的发生。

（六）病虫害防治

1. 筋腐病

番茄筋腐病又称条腐病、带腐病，俗称“黑筋果”“乌心果”等，是一种发生比较普遍的生理性病害。在保护地番茄生产中发病较为严重。多在果实膨大期发病，一般发病率在 20% ～ 30%，严重影响产量和品质。

（1）症状 主要有以下 2 种类型：

① 褐变型筋腐病。分为条腐病、内部褐变症和壁面褐变症 3 种。发病轻的果实，部分维管束变褐坏死，果实外形没有变化，但发病部位着色不良（图 2-19），收获时果面上有明显的绿色或淡绿

色斑；发病较重的果实，果面凹凸不平，维管束全部呈黑褐色，有时果肉也出现褐色坏死症状，果实成空腔。多发生于果实背光面，通常下位花序果实发病多于上位花序。症状与番茄晚疫病及部分病毒病果类似。

图2-19　番茄褐变型筋腐病

② 白变型筋腐病。果实着色不匀，病部有蜡样的光泽，有时病部凹陷干瘪，呈“糠心”状，多数生于果皮部的组织上，果皮及隔壁中筋部分出现白色筋丝，果肉维管束组织呈黑褐色，发病处不变红，果肉硬，外表看略似尖形果。植株茎叶一般不表现明显症状，严重时可见植株顶叶向下弯曲，小叶发紫、中筋突出，横切植株距根部 60 ～ 70 厘米处茎部，可见茎的输导组织变褐。

（2）发病原因　褐变型筋腐病一般认为是植株体内碳水化合物不足和碳水化合物与氮的比值下降，引起代谢失调，致使维管束木质化是该病发生的主要原因。白变型筋腐病则一般认为是番茄花叶病毒感染的结果。也有学者认为，褐变型筋腐病是受品种、植株、土壤、光照、湿度、养分、温度等多种因素综合影响造成的。例如，过量使用氮肥尤其是铵态氮，影响植株对钾、钙、硼、铁等养分的正常吸收，使果实内部营养代谢受阻；气温低，湿度过大，土壤透气性差，光照不足，通风不良，夜间温度偏高等，造成植株体内碳水化合物不足。

（3）防治方法　选用根系发达、果实大、果皮厚及叶量较少的品种。与非茄果类作物轮作 3 年以上。增施充分腐熟的有机肥、生物菌肥，并注意补施钾肥和硼、钙、铁等肥料。增施二氧化碳气体肥料。合理密植，采用透光性好的塑料薄膜。保温被早揭晚盖，延长见光时间。夜间温度不能过高，虽然高温能促进生长发育，但是减少了光合产物的积累。因此，在白天光照条件不良的时候，尽可能使温度下降，保持充分的昼夜温差，防止糖的代谢失衡。坐果期土壤不宜过干或过湿。雨后防止田间积水，保持良好的土壤通透性，利于根系营养吸收。注意防治蚜虫、烟粉虱等传毒介体，控制病毒病的发生，并注意防治其他病害，保证植株健壮生长。

2. 脐腐病

番茄脐腐病又称蒂腐病、顶腐病、尻腐病。在栽培和管理水平较差的情况下，危害果实，对产量影响特别大。

（1）症状 在番茄幼果和青果时，初在脐部形成暗绿色水渍状病斑，逐渐变成褐色或黑色，病斑随果实生长而扩大，一般直径达1～2厘米（图2–20），严重时，病斑扩大至半个果面，病部果肉干腐凹陷，病果提早转色，果实表面缺少光泽，果形变扁。同一花序的果实几乎同时发病。在湿润条件下，因病原菌寄生，形成黑绿色或红色霉状物。

图2–20 番茄脐腐病

（2）发病原因 生育期间水分供应不均或不稳定，当果实内、果脐部的水分被叶片夺走时，使青果脐部大量失水引起组织坏死、生理紊乱而形成脐腐；或者由于过湿，根部吸收钙的机能下降，导致发病。一般在雨季或浇水过多接着干旱的情况下发生严重。过多使用化肥后，土壤中肥料浓度过大，钙的吸收受阻，导致钙不足。

高温干燥，使钙的移动速度更加缓慢，或者高温时期生长量大，代谢作用旺盛形成有机酸，这时钙会和有机酸化合，造成与果胶相化合的钙源不足，而产生脐腐病。

（3）防治方法 选用抗病品种。采用地膜覆盖栽培。保持土壤水分的相对稳定，减少土壤中钙质养分的流失。增施有机肥，适量施用氮肥。适时浇水，在高温干旱的情况下，要注意水分的供给，尤其结果期更要注意水分的均衡供应。在花期喷施 1% 磷酸钙或 0.1% 氯化钙或脐腐灵。土壤中缺钙要施用石灰或硫酸钙。

3. 青枯病

番茄青枯病又称细菌性枯萎病，是一种维管束病害。发病急，蔓延快，严重时造成植株成片死亡，使番茄严重减产甚至绝收（图 2–21）。

图 2–21　番茄青枯病

（1）症状　通常苗期不表现症状，开花坐果期开始发病，主要危害茎和叶片。发病初期植株顶部叶片开始萎蔫，中午前后症状极为明显；以后下部叶片凋萎，而中部叶片萎蔫最迟。也有一侧叶片先萎蔫或整株叶片同时萎蔫的。初发病时萎蔫叶在傍晚恢复，反复多日后，全株萎蔫。植株枯死后，病叶一般不变黄，叶色较淡，故称青枯病。从发病至整株死亡一般 5 ～ 7 天。病茎下端往往表现粗糙，常长出长短不一的疣状突起和不定根。天气潮湿时，植株茎部常出现 1 ～ 2 厘米的水浸状斑块，后期变褐。病茎维管束变褐色，用手挤压有乳白色的菌脓溢出，这是此病的重要特征，根据这一特征可与真菌性枯萎病相区别。

（2）发病规律及条件　由青枯假单胞杆菌侵染引起的细菌性病害。高温（地温 20 ～ 25 ℃、气温 30 ～ 37 ℃）高湿（空气相对湿度 90% 以上）有利于病害发生。土壤 pH 值 6 ～ 8 均可适应，最适 pH 值为 6.6。一般连续阴雨或大雨后骤晴，气温急剧回升可引致病害流行。此外，幼苗生长较弱，茄科作物多年连作，低洼积水，或缺钾肥、氮肥过多，或酸性土壤等，均可加重发病。南方地区常年都能发生。

（3）防治方法　选择抗病品种。与葱、蒜、水稻等作物实行 3 ～ 5 年轮作，最好与禾本科作物进行水旱轮作。每亩均匀撒施 50 ～ 100 千克石灰，使土壤呈微碱性。施足腐熟的有机肥，氮、磷、钾配方施肥。高畦种植，幼苗定植不宜过深；忌大水漫灌，雨后及时排除积水；及时拔除病株，将其深埋或销毁，病穴用生石灰消毒处理。

发病初期可选用 72% 农用链霉素或 25% 络氨铜或 77% 氢氧化铜等灌根，每隔 7 ～ 10 天 1 次，连灌 2 ～ 3 次，苗期每次每株灌药液 0.5 升，成株期每次每株灌药液 1.0 升，防治效果较好。

4. 早疫病

番茄早疫病又称轮纹病、夏疫病，是番茄栽培中重要的真菌性病害之一。大棚、温室内发病较重。发病严重时，常引起落叶、落果、断枝，对产量影响较大，一般造成减产30% ～ 40%，严重时达50% ～ 60%。

（1）症状 苗期和成株期均可发病。番茄的叶、茎、果等部位均能受害，以叶片受害为主。叶片受害，一般从下部叶片开始发病，逐渐向上扩展，初见直径0.5 ～ 1.0厘米的小黑点，后扩大发展为褐色的圆形或椭圆形轮纹斑，外缘有黄色或黄绿色晕环，稍凹陷，潮湿时病斑上生灰黑色霉状物。青果受害，先从萼片及有裂缝处开始，初始为椭圆形或近圆形、暗褐色或黑色、稍凹陷病斑，具同心轮纹，后期果实开裂，病部变硬，上部密生黑色霉层。幼苗期茎基部发病，严重时，病斑绕茎，引起腐烂，幼苗枯倒。茎上病斑多从分枝处发生，初为暗褐色不规则形或椭圆形病斑，扩大后稍凹陷或不凹，有黑霉和同心轮纹。叶柄、果柄均可受害，症状同叶和茎。

（2）发病规律及条件 由半知菌亚门茄链格孢菌侵染所引起的一种真菌性病害。高温高湿的环境利于发病，最适发病温度为22 ～ 28 ℃，空气相对湿度95%以上。植株生长弱、田间排水差、重茬地、种植过密、通风透光差、大水大肥浇施的田块发病重。保护地比露地发病重。

（3）防治方法 选用抗病品种。与非茄科蔬菜至少轮作2 ～ 3年，对土壤进行深翻，冻、晒垡。合理密植。采用高畦种植。多施腐熟的有机肥，控制氮肥，适量增施磷钾肥。防止棚内空气相对湿度过大、温度过高。发病后要及时清理病株，摘除病叶、病果并带出田外集中销毁；整枝时不要与有病植株相互接触，以控制病害的传播。

发病初期可以用 25% 丙环唑乳油、70% 甲基硫菌灵、50% 异菌脲等喷雾防治，每 7 ～ 10 天 1 次，连续施药 3 ～ 4 次。番茄茎部发病时，也可用 50% 异菌脲可湿性粉剂配成 180 ～ 200 倍液，涂抹病部，效果更好。空气相对湿度大时，可选用 45% 百菌清烟剂，每亩 300 ～ 400 克，于傍晚均匀布点闭棚熏蒸。

5. 晚疫病

番茄晚疫病又称疫病，是一种常发真菌性病害。随着保护地栽培面积的扩大，为菌源提供了越冬场所，加重了该病的危害，轻者减产 30% ～ 50%，重者减产 70% 以上甚至绝收。

（1）症状 幼苗、叶、茎和果实均可受害，以叶和青果受害最重，多从植株下部向上迅速蔓延。苗期染病时病斑多从叶片向主茎蔓延，使茎部变细并呈黑褐色，从而导致全株萎蔫或折倒，湿度大时病部表面生白霉。成株期叶片染病，多从植株中下部叶尖或叶缘开始发病，初为暗绿色水浸状、边缘不明显、形状多不规则病斑，扩大后呈褐色，湿度大时叶片背面病健交界处生白色霉层。严重时，病叶干枯，脆而易破（图 2-22）。果实以青果受害最重，初显油浸状暗绿色，后变成暗褐色，稍凹陷，边缘明显，形状不规则，病部较硬，病斑部位表面略显凹凸不平，严重时果实大

图 2-22　番茄晚疫病

部分甚至全部出现病变，呈“铁皮果”状，湿度大时其上长少量白霉并软腐。茎部受害，病斑初呈水渍状、淡褐色，扩展后呈褐色至黑褐色长条形病斑，凹陷，病斑绕茎部一周时，导致受害部位以上枯死，茎基部受害则导致全株枯死，危害最重；潮湿时，茎部病斑表面也可产生稀疏的白色霉状物。

（2）发病规律及条件 由鞭毛菌亚门致病疫霉属真菌侵染所致。病菌发育的适宜温度为 18 ～ 20 ℃，最适空气相对湿度 95% 以上。多雨低温、露水大、早晚多雾，病害即有可能流行。偏施氮肥、基肥不足、光照不足、通风不良、浇水过多、定植过密、田间易积水的地块易发病。

（3）防治方法 采用抗病品种。选择地势高、排灌自如的田块。与非茄科作物实行 3 年以上轮作。高畦、地膜覆盖栽培。适当控制浇水，降低田间湿度。及时整枝、摘心、打杈、摘除下部老叶，提高通风透光性能，降低空气相对湿度。摘除已感病的叶片、果实并带出田外深埋或销毁，病穴内撒适量生石灰进行消毒。

中心病株出现时开始施药。可用的药剂有 75% 百菌清可湿性粉剂 500 倍液，或 72% 锰锌 · 霜脲可湿性粉剂 600 倍液等。各种药剂可轮换选用，视病情每隔 7 ～ 10 天防治 1 次，连续 2 ～ 3 次。也可用烟雾法或粉尘法防治，即选用 45% 百菌清烟剂每亩每次 200 ～ 250 克，保持闷棚 4 ～ 6 小时，一般 7 ～ 10 天用药 1 次，与喷雾施药轮换使用。

6. 灰霉病

番茄灰霉病不仅危害叶片、花、茎，还严重危害果实，尤其以青果发病最重，一般减产 20% ～ 30%，重者减产 50% 以上，严重影响番茄的产量和品质。

（1）症状 幼苗和成株都可发病，主要侵害果实，也可侵害叶和茎。幼苗发病时叶片和叶柄上产生水浸状腐烂，之后干枯，表面产生灰霉，严重时可扩展到幼茎，使幼茎产生灰黑色病斑，腐烂折断。成株叶片感病一般先从叶尖或叶缘处产生水浸状病斑，呈“V”字形病斑向内扩展（图 2–23），边缘不规则，并有深浅相间的轮纹，干燥时病叶呈灰白色，在湿度大时表面生灰色霉层。果实发病一般在青果期，在花期侵染后，病菌残留在柱头、花瓣、花托上向果面、果柄扩展，病部初呈灰白色水渍状软腐，很快发展为不规则形大斑，后期长出大量灰色霉层，病果一般不脱落（图 2–24）。茎发病后初期产生水浸小点，后扩展为长椭圆形或长条形病斑，湿度大时病斑上长出灰褐色霉层。

图 2–23　番茄灰霉病叶片症状

图 2–24　番茄灰霉病果实症状

（2）发病规律及条件　由半知菌亚门灰葡萄孢菌侵染所致。低温高湿是该病发生的必要条件，湿度是发病的主导因素。当气温为 21 ～ 23 ℃，空气相对湿度持续在 90% 以上时，病害发生严重。当温度高于 30 ℃或低于 2 ℃，空气相对湿度在 90% 以下时，病害停止蔓延。

（3）防治方法　选用抗病品种。在施足有机肥，增施磷钾肥的基础上，补施铁、锌等中微量营养元素。采用高畦栽培，覆盖地膜。适度灌溉，严禁大水浇灌，浇水要选择晴天上午进行。加强通风透光，适当延长放风时间，降低棚内空气相对湿度。及时整枝，摘除病花、病果、病叶、病茎，集中深埋处理。出现病株后要减少人员在株间走动，更不要在已发病和未发病的棚室间串棚。授粉结束后最好去掉花瓣，以防止枯死的花瓣感病后再传染。在配好的点花药液中，加入 0.1% 的 50% 的腐霉利（速克灵）可湿性粉剂或 50% 乙烯菌核利（农利灵）可湿性粉剂等进行蘸花，使花器均匀着药。

发病初期选用 25% 阿米西达 1 000 倍液，或 50% 多·福·乙霉威（利霉康）600 倍液等喷雾处理。晴天上午喷药，每隔 7 ～ 10 天用药 1 次，共施药 2 ～ 3 次。发病重的田块适当加大药量，5 ～ 7 天用药 1 次。阴雨天气选用烟剂处理，可选用 10% 腐霉利（速克灵）烟剂，或 45% 百菌清烟剂，用药 200 ～ 250 克 / 亩，于傍晚分点布放，用暗火点燃后立即密闭烟熏 1 夜，次日开门通风。粉尘施药可在傍晚喷洒 45% 百菌清粉尘剂 1 千克 / 亩后闭棚过夜。各种药剂轮换使用，避免产生抗药性。

7. 叶霉病

番茄叶霉病属真菌性病害，只侵染番茄，在我国各地普遍发生，是保护地番茄栽培的重要病害之一。病菌除导致叶片产生病斑影响光合作用外，还可侵染茎和果实，影响果实品质。危害严重时减产 20% ～ 30%。

（1）症状 主要危害叶片。一般先从底叶发病，逐步向上蔓延。叶正面病斑淡黄色或黄绿色，椭圆形或无一定形状，边缘不明显。叶背面病斑初呈灰白色，后长出灰褐色或黑褐色绒状的霉层（图 2–25）。

图 2–25 番茄叶霉病

严重时，病斑密集，病叶干枯卷曲。苗期染病，下部叶片正面形成淡黄色斑，扩大后叶背面形成灰白色至灰紫色霉层，严重时叶片很快变黄干枯。

（2）发病规律及条件 由半知菌亚门中黄枝孢霉侵染所致。高温高湿有利于发病，温度 20 ～ 25 ℃，空气相对湿度大于 90%，弱光照的条件下病害容易流行，仅 10 ～ 15 天就可使棚室番茄普遍发生叶霉病，甚至出现大量干枯叶片。

（3）防治方法 选用抗病品种。与瓜类、豆类等作物实行 3 年以上轮作。保护地可采用福尔马林消毒或用硫黄粉闷棚熏蒸以减少田间病菌数量。合理密植，及时整枝打杈。及时通风除湿，雨季及时排水，覆盖地膜，降低棚内湿度。避免氮肥过多，增施磷钾肥。摘除病叶深埋，减少菌源量。棚内短期增温至 30 ～ 36 ℃，对病菌有明显抑制作用。

发病前可采用 70% 代森锰锌或 70% 异菌脲可湿性粉剂等进行预防保护。发病后可采用 70% 甲基硫菌灵、70% 代森锰锌、40% 氟硅唑乳油等药剂进行喷雾。喷药时叶背、茎、青果等处均要喷到，植株中下部位是重点喷药区，要轮换用药。每隔 7 ～ 10 天喷 1 次，连喷 3 ～ 4 次。另外每亩使用百菌清烟剂 250 克进行大棚内点火烟熏，密闭大棚，4 ～ 6 小时后可启棚通风。

8. 病毒病

番茄病毒病在全国各地普遍发生，危害严重。常见的有花叶型、条斑型和蕨叶型，其中以花叶型发生最为普遍，其次是蕨叶型，再次是条斑型。危害最重的是条斑型，其次是蕨叶型。春季番茄病毒病以花叶型发病率最高，蕨叶型次之；秋季则以蕨叶型为主，花叶型和条斑型较少。

（1）症状

① 花叶型。在田间发生最为普遍。发病初期叶片上呈现黄绿相间或绿色深浅不匀的斑驳，病株不矮化，病叶大小正常；病害发生重时，叶片有明显浓绿、淡绿相间的花叶，浓绿部分稍隆起如疱状，淡绿部分稍陷，叶面皱缩不平，新叶变小，叶细长狭窄或扭曲畸形，植株较矮，并大量落花，果实少而小，果面着色不均匀，呈花脸状。

② 条斑型。可表现在茎、果、叶等部位。初期病株上部形成花叶或叶片黄绿色。茎上中部初生暗绿色长短不等凹陷短条纹，后为深褐色凹陷油渍状坏死条斑，逐渐蔓延围拢，病部质脆易折断，致使病株萎黄枯死。果实果面呈不规则形褐色凹陷油渍状坏死斑块，后期变为黑色枯斑，病部变色仅限于表皮，不深入果肉。番茄受害程度以条斑型为最重，造成的损失最大。

③ 蕨叶型。顶端幼叶细长和簇生，叶片薄而颜色淡，叶片狭小，叶肉退化，呈线形或带形；下部叶片边缘向上卷起，严重时卷为筒状；中部叶片轻微卷起，主脉微现扭曲。茎上部节间缩短，形成枝叶丛生状，病株矮缩，结果减少，仅下部 2 ～ 3 个花序能结果，果实变小，严重影响产量。病害轻时植株黄化矮缩，花冠加厚成巨型花，结果小或畸形。发病重时花蕾未打开即坏死，拔起病株没有新根，根部坏死。

（2）发病规律及条件

① 花叶型。由烟草花叶病毒的番茄株系与烟草株系侵染引起。烟草花叶病毒存在于病株残体和干燥的病烟叶中越冬，且能长期存活。还可以在野生的寄主植物或栽培植物中越冬。番茄的整个生长过程都可以感染烟草花叶病毒，特别是苗期感染造成的危害最大，烟草花叶病毒极易由接触传染，田间的各种农事操作，如育苗、定

植、绑蔓、整枝等过程，都能传播病毒，通过农具、架杆也能传播病毒，但是蚜虫不传播该病毒。番茄种子外部黏附的病残屑，在种子催芽时病毒也能侵害幼芽。病毒还可以通过土壤传播，存在于土壤中的病毒通过番茄根、茎、叶的伤口侵入而引起发病。

② 条斑型。由烟草花叶病毒的条纹株系侵染引起。凡导致病株和健株直接或间接接触的栽培措施，都会使病害加重。土壤干旱、缺肥或追肥不及时、排水不良、定植较晚、重茬等，会导致病害发生严重。

③ 蕨叶型。由黄瓜花叶病毒侵染引起。该病毒在病残体上不能存活，病毒主要在活的寄主体内越冬。冬季温室芹菜、番茄、黄瓜及老根菠菜、多年生杂草、十字花科蔬菜种株等为病毒的越冬寄主，是第二年番茄病毒病的初侵染来源。这些带毒越冬植物在春季发芽后，通过蚜虫将病毒传播到番茄上，造成蔓延流行。人为接触基本不传播该类型病毒。高温干旱时，有利于病毒增殖，也有利于蚜虫繁殖活动和传毒。施用过量的氮肥，植株组织生长柔嫩或土壤瘠薄、板结、黏重以及排水不良，发病重。

（3）防治方法　选用抗病品种。选用无病株留种。55 ℃温水烫种 15 分钟左右，或用 10% 磷酸三钠溶液浸种 20 分钟或在 70 ℃下处理充分干燥的种子，或用 0.1% ～ 0.2% 高锰酸钾溶液浸种 10 ～ 15 分钟，可钝化种子表面的病毒。与非茄科作物实行 3 年以上的轮作。秋番茄适当晚播。重施基肥，增施磷钾肥和叶面肥。秋季深翻，施用生石灰，可促使土壤中病毒钝化。选择晴天定植。高温干旱季节小水勤浇，保持田间湿润，降低棚温，同时喷洒矮壮素或多效唑防止徒长。晚打杈可减少和推迟因农事操作对烟草花叶病毒的传播；早防蚜虫可以预防黄瓜花叶病毒的发生和传播，可设置防虫网及采用黄板诱杀蚜虫。及时拔除病株并深埋或销毁，农事操作时经常用肥皂水洗手消毒，可减少人为传播病毒。

早期及时治蚜，可用10%吡虫啉可湿性粉剂2 000倍液等喷雾防治。发病初期喷施20%盐酸吗啉胍·乙酸铜或10%混合脂肪酸等，可延缓病情加重。

9. 番茄黄化曲叶病毒病

番茄黄化曲叶病毒病是一种以B型烟粉虱为传播媒介的毁灭性病害。该病可使番茄产量损失30%～100%。目前我国大部分地区均有发生。

（1）症状 番茄植株感病初期主要表现为植株生长缓慢或停滞，节间变短，明显矮化，叶片变小、变厚，叶质脆硬，有褶皱，向上卷曲变形，叶片边缘至叶脉区域褪绿黄化（图2-26），以植株上部叶片症状典型，下部老叶症状不明显。植株感病后期坐果很少，果实变小，膨大速度极慢，畸形果多，成熟期的果实不能正常转色。番茄植株感病后，尤其在开花之前感病，果实产量和商品价值均大幅下降。

（2）病原及传播途径 引起该病害的病原为番茄黄化曲叶病毒，属于双生病毒科菜豆金色花叶病毒属，主要通过烟粉虱以持久方式传播，但不经卵传，机械摩擦、土壤、蚜虫、种子不传毒，嫁接可导致病毒传播。

图2-26 番茄黄化曲叶病毒病

（3）防治方法 选择抗病品种。调整播种期，低温环境

图 2-27　田间悬挂黄板

图 2-28　挂牌放养丽蚜小蜂

不利于烟粉虱的发生、繁衍。育苗棚用 40 ～ 60 目防虫网隔离，苗床悬挂黄色诱虫板，避免带虫或带毒植株进入定植田。及时清除田间杂草和残枝落叶，同时对田边、沟边、路边杂草采用人工或化学方法及时清除。种植密度适当，及时整枝、打杈、去老叶，将残枝、老叶带出田间进行处理；发现病株及时拔除，减少病源。定植棚室采用 40 ～ 60 目的防虫网隔离栽培，同时注意设置缓冲门。田间悬挂黄板诱杀成虫（图 2-27），每亩可放置 25 厘米 ×30 厘米的黄板 20 块；放养烟粉虱的天敌如丽蚜小蜂（图 2-28），同时避免使用广谱性农药以免杀死天敌。

在番茄定植前，每亩用 1 千克 15% 异丙威烟剂密闭温室或大棚熏杀烟粉虱。在定植前 1 周，用 25% 噻虫嗪水分散粒剂 1 500 倍液等对苗床幼苗进行喷药，防止带虫苗进入定植田。发现田间有烟粉虱时，及时用25%噻虫嗪水分散粒剂4 000倍液，或10%吡虫啉可湿性粉剂2 000倍液等进行防治，每7天1次，连续喷药2次，可有效防治病害的发生。当遇阴雨天气时，可以在傍晚闭棚后，用15%异丙威烟剂0.5千克/亩密闭熏杀。

10. 烟粉虱

烟粉虱俗称小白蛾子，属同翅目粉虱科（图2–29）。

图2–29 烟粉虱

（1）危害特点

在全国各地均有发生，特别是在保护地较多的地区可终年危害。成虫和若虫吸食植物汁液，被害叶片褪绿、变黄、萎蔫，甚至全株死亡。而且成虫和幼虫分泌蜜露，往往引起煤霉病，影响植株的呼吸作用和光合作用，使番茄失去商品价值。烟粉虱还可传播病毒病。

（2）形态特征

① 成虫。雌虫体长1.0～1.5毫米，雄虫略小，触角7节，末端有1刚毛，粗杆状。体色淡黄色或淡黄白色，翅面覆盖白色蜡粉。沿翅外缘有1排小颗粒。停息时双翅在体上合成屋脊状如蛾类，翅端半圆状遮住整个腹部。足胫节膨大、粗短，附节2节，其端部具2爪。

② 卵。长0.20～0.25毫米，侧面看长椭圆形，基部有0.02毫米长的卵柄。初产呈淡绿色，覆有蜡粉，而后逐渐变为褐色，孵化前为黑色，并微有光泽。散布在叶背面。

③ 若虫。共4龄，1龄若虫长椭圆形，体长大约0.29毫米；

2龄若虫体长大约0.37毫米；3龄若虫体长大约0.51毫米，淡绿色或黄绿色，足和触角退化，紧贴在叶上营固着生活。4龄若虫又称为“伪蛹”，体长0.7～0.8毫米，椭圆形，初期扁平，逐渐加厚呈蛋糕状（侧面看），中央略高，黄褐色，体背有长短不齐的蜡质丝状突起，体侧有刺。

（3）生活习性　烟粉虱以成虫和若虫群居取食植物的汁液，成虫有趋嫩性，群居于嫩叶的叶背面并产卵。在植株上各虫态自上而下的分布为：新产的绿卵、变黑的卵、初龄若虫、老龄若虫、伪蛹、新羽化的成虫。成虫的寿命长达20～30天，产卵期较长。产下的卵以卵柄从气孔中插入叶片组织中，极不容易脱落。若虫孵化后3天内在叶背可以做短距离游走，当口器插入叶组织后就失去了爬行的机能，开始营固着生活，直到4龄后，伪蛹羽化为成虫，才可迁飞他处。各虫态发育历期，在24℃时卵期7天，1龄5天，2龄2天，3龄3天，伪蛹8天。成虫羽化后1～3天可以交配产卵，平均产卵数为100～200粒。也可以进行孤雌生殖，其后代为雄性。烟粉虱繁殖的适温是18～21℃，约1个月完成1代。烟粉虱在我国北方室外寒冷的气候条件下不能存活，以各种虫态在棚室内越冬并且继续危害，无滞育和休眠现象。

第二年的春天，通过成虫迁飞等方式向露地的蔬菜作物上迁移。种群数量由春季至秋季持续发展，夏季高温多雨对烟粉虱的抑制作用不明显，秋季烟粉虱达到最高峰。每年的7、8月份虫口数量增长较快，8、9月间危害严重，10月下旬以后气温逐渐降低，虫口数量开始减少，并且向棚室内迁移危害。

（4）防治方法　育苗棚与生产棚要分开，育苗前彻底熏杀残余虫口；温室及大棚蔬菜在盖膜前，要彻底清除残虫、杂草、残株；温室及大棚第一茬种植烟粉虱不喜食的芹菜、蒜黄等较耐低温的作物，并与烟粉虱不喜食的蔬菜如十字花科蔬菜等轮作；结合整枝打杈，摘除带虫老叶，带出棚室外埋掉或烧掉。在棚室内，设置35厘米 ×20厘米大小的黄板，每亩设22 ~ 24块板，8 ~ 10天换1次；通风口增设防虫网。可利用天敌丽蚜小蜂、小花蝽等防治。

药物熏蒸可在傍晚闭棚后，每亩用15%异丙威烟剂0.5千克熏杀。由于烟粉虱世代重叠，且当前没有对所有虫态皆有效的药剂，所以必须连续几次用药。可用25%噻虫嗪水分散粒剂1 500倍液、1.8%阿维菌素乳油1 500倍液，7天喷1次，连喷2 ~ 3次。

11. 美洲斑潜蝇

美洲斑潜蝇又名美洲甜瓜斑潜蝇、蔬菜斑潜蝇、苜蓿斑潜蝇、蛇形斑潜蝇、甘蓝斑潜蝇等，属双翅目潜蝇科。该虫适应性强，食性杂，易传播蔓延，是一种检疫性害虫。其寄主范围广，以黄瓜、菜豆、番茄、生姜等受害最重。现分布于华南、华中、华东、华北等地。

（1）危害特点 以幼虫潜入叶片的上表皮下和下表皮上的叶肉组织取食危害，在叶面形成带墨色粪便的上下弯曲的不规则白色蛇形蛀道（图2–30），破坏栅栏组织和叶绿素。随着虫体增大，潜行蛀道逐渐变宽。叶肉组织的叶绿体全部被破坏，严重影响光合作用，受害重的叶片脱落，使花芽、果实易被烈日灼伤。

图2–30 斑潜蝇危害症状

（2）形态特征

① 成虫。灰黑色小苍蝇，长1.5 ~ 2.4毫米，翅长2毫米，头

部、胸部和小盾片鲜黄色，复眼、单眼三角区为黑色，前胸背板和中胸背板中部亮黑色，足黄色，腹部每节黑黄相间。雌成虫体形略大于雄成虫。

② 卵。椭圆形，米色，初卵呈半透明，后为鲜黄色，多产在叶片的叶肉组织。

③ 幼虫。蛆状，初无色，后变为橙黄色，老熟幼虫体长约 3 毫米，后气门呈圆锥状突起，顶端 3 分叉，各具 1 开口。

④ 蛹。椭圆形，长 2.0 ～ 2.5 毫米，腹面稍扁平，浅黄色至橙黄色，后气门 3 孔。

（3）生活习性　该虫在温暖的南方和棚室条件下，全年都能繁殖。成虫多在午前羽化，羽化当日即可交配，8 ～ 14 时活动频繁，取食并交配，当天产卵。美洲斑潜蝇偏好在成熟的叶片上由下向上产卵，卵多为单粒，每只雌成虫产卵达 500 余粒。卵经 2 ～ 5 天孵化，幼虫期 3 ～ 7 天，蛹经 7 ～ 14 天羽化为成虫。产卵高峰在羽化后 3 ～ 7 天。成虫寿命 5 ～ 8 天。成虫有趋光性，取食、产卵主要在白天，晚上多栖居于植株下部的叶片。幼虫共 3 龄，发育适温为 25 ～ 26 ℃。在北纬 39° 以北地区，此虫不能在自然条件下越冬。

美洲斑潜蝇是喜温性害虫，在 20 ～ 30 ℃范围内随着气温的升高，繁殖加快。空气相对湿度 60% ～ 80% 对该虫发生和繁殖有利。大雨、暴雨的冲刷可使成虫和蛹死亡，高温干旱的天气对其发生有明显的抑制作用。

（4）防治方法　加强植物检疫，禁止从疫区调入蔬菜。黄板诱杀。与斑潜蝇不嗜好的作物如苦瓜和苋菜等进行轮作；及时清除杂草，摘除病叶，进行深埋和烧毁；深耕灌水，淹死土壤中老熟幼虫及蛹；棚膜密闭，昼夜闷棚 7 ～ 10 天，使土壤温度达到 50 ℃以上。幼虫期释放寄生蜂效果最佳。此外椿象可食用美洲斑潜蝇的幼虫和卵。

药物防治选择在成虫高峰期、卵孵化盛期或初龄幼虫高峰期。在棚室虫量大时，每亩用 15% 异丙威烟剂 500 克熏杀，7 天左右 1 次，连续 2 ～ 3 次。也可用 5% 氯氰菊酯 1 000 倍液或 1.8% 阿维菌素乳油 1 500 倍液等，上午 8 ～ 11 时露水干后喷洒，均匀喷到叶片正反面，每隔 7 ～ 10 天喷 1 次，连喷 2 ～ 3 次，上述药剂交替使用。

（七）番茄的采收与贮运

1. 品种要求

番茄是一种较难贮运的蔬菜，但不同品种之间，在耐贮性方面亦有明显差异，故在栽培前应做好品种的选择。

番茄品种很多，不同品种由于其果实中可溶性固形物含量不同、果形不同、果实抗病性不同及表皮结构不同等，它们的耐贮性也不一样。一般果实的干物质含量高、抗病性强、果壁厚、果皮也厚的品种较耐贮；表皮厚、汁液较少、呼吸量小、呼吸高峰推迟的中晚熟品种较耐贮；大红果品种比粉红果的品种耐贮。同一品种植株中部的果实耐贮性好一些，因为植株下层的果接近地面，易带病菌，而植株顶部的果实干物质含量低，种子腔不饱满，均不耐贮。

番茄果实按颜色分有大红色、粉红色、橙黄色、淡黄色、绿色等；按形状分有圆形、高圆形、椭圆形等。不同省份、不同地区有各自的消费习惯，在选择品种之前，要对当地（或销售区域）进行深入的了解，做到适销对路。

2. 采收期的确定

番茄果实生长发育过程可划分为 2 个时期：一是从受精开始到果实大小基本定型，种子发育基本成熟，这是果实生长膨大、决定果实大小和重量的阶段。二是果实进入成熟过程，种子发育至完全成熟，果实转色，有机酸减少，糖类等可溶性固形物增加，挥发性芳香物质形成，最后达到完全成熟。第二个时期果实增大不明显，重量增加也不多。

根据番茄果实的色泽、肉质及内含物等的变化，番茄果实的成熟过程又可划分为绿熟期、白熟期、转色期、成熟期和完熟期 5 个时期。

番茄采收时成熟度不同，其组织结构和营养物质的积累也有所不同，其衰老、败坏的速度不同，耐贮运性也显著不同。供贮番茄的不同成熟度均与后熟速度成正相关，而与耐贮运性呈负相关，分期测定番茄呼吸强度的变化，可见同一贮期不同成熟度番茄其呼吸强度有所差异，贮后 6 天的呼吸强度为青果 > 转色果 > 半红果 > 红熟果，各种不同成熟期的果实均随贮期的延长其呼吸强度逐渐下降。因此，用作较长期贮藏运输的番茄以采摘呼吸跃变期以前的充分膨大的绿熟果为宜。绿熟期采收的番茄组织比较坚实，且未开始衰老，而全红期采收的番茄组织变软，已经开始衰老。

3. 采摘技术要点

番茄的品质与果实的耐贮性在很大程度上是受采前因素制约的，因此，了解各品种采前因素与番茄品质和耐贮性的关系很有必要。作为贮藏或远距离运输用的番茄，在采前 2 ～ 3 天要停止浇水，以增加果实的干物质并减少水分含量。

因番茄开花有前有后，成熟有早有晚。同一植株甚至同一花序上，生长有不同成熟阶段的果实，所以应按要求的标准，进行逐个采摘。采摘时，左手抓住果柄与花序连接处，右手抓着果实，大拇指扶着果柄往下按，其他手指握住果实向上摆，果实就从果柄离层处断下。

采摘时要轻拿轻放。注意不采裂果及有虫害的果，特别是不能采收感病的果实。另外，采摘番茄一般应在晴天上午气温不太高时进行，因这时采下的果实温度低，容易贮藏。要避免雨天或雨后果实表面水分未干时采果，因为果实表面附着的水分使存放环境的湿度增大，容易烂果。在高温下采收的果实，采收后必须摊晾，待果实温度与气温平衡时再放入筐中。

4. 贮运技术要点

番茄是多汁浆果，不耐贮运，所以只有切实掌握科学的贮运方法，才能减少损失。番茄包装一般分运输包装和商品包装 2 大类，运输包装是运输过程中的包装，商品包装是在销售时的包装。将番茄从产地运输到其他地区必须对番茄进行运输包装，这也是提高番茄商品价值的最后一个环节，对保证番茄果实商品质量有重要作用，好的包装亦可以大大降低运输过程中的损耗。如果运输包装不好，则会使番茄大量遭受机械损伤，有些包装还会妨碍货物的装卸及车厢内的空气流通等，这些都会直接或间接地降低商品果的质量。

（1）包装工具 用作运输包装的种类很多，有纸箱、竹筐、板条箱、塑料筐等，各地可根据当地条件灵活选用。

① 纸箱。纸箱是一种较为普遍的包装容器，具有自身重量轻，可折叠，弹性好，便于装卸等优点。另外纸箱还具有缓冲性，能较好地抵抗外来冲击而保护果实。在使用纸箱作为运输包装时，应避免雨淋、浸泡等。

② 竹筐。具有比较坚固，不怕潮湿的优点。在使用时筐内需要

垫 1 ～ 2 层衬纸，以避免番茄与筐的内壁直接接触。

③ 板条箱。目前我国运输番茄使用这种包装很多，其优点是坚固耐压，好搬运，堆码方便，在箱内气体流通好。缺点是板条箱造价高，不易回收。

④ 塑料筐。这是短途运输番茄比较理想的包装容器，其优点是强度好，耐挤压，可很好地保护内部果实，且筐内空隙大，空气流通好，腐烂损耗低。

（2）包装与运输　包装工具用纸箱或内部比较光滑的竹筐等，使用前应用 1% 漂白粉刷洗并晾干，如果条件不许可，也可使用经过消毒的荆条筐。将采来的果实小心码入筐内，每个包装筐都不可装满，最好只装总容量的五分之三，若过满，则下层番茄负重太大易压伤，码筐时也容易使番茄受到挤压伤害。

搬运包装筐时要轻拿轻放。晚秋或冬季从温室采收番茄，一定要用暖筐运输，以缩小室内外温差，避免番茄出“汗”。暖筐的制作方法是：将 3 层苇席缝在筐的内壁周围，然后在底部垫几层纸，放好番茄后在上面盖纸和棉被。

长途运输番茄时，不要把筐码得太高，如果运输时间超过 24 小时，最好将车皮内温度保持在 10 ～ 13 ℃。千万不要在温度低于 5 ℃的条件下运输，因为绿熟番茄在 0 ～ 5 ℃条件下会引起低温伤害。如果途中运输时间超过 5 天，最好采用气调包装。

（3）商品包装　商品包装主要用于商品净菜初加工，可以在产地进行，但更多的是在批发市场进行。首先将番茄果实分级：将果形圆整、果色好、无疤痕、无虫眼、无损伤、光滑均匀美观的果实分出来，再根据单果重量进行包装。批发网点的零售商，一般采用塑料薄膜包装，可防止水分蒸发，保持番茄新鲜，外观较美，既可提高商品质量，又便于消费者携带。塑料包装透气性差，应打一些小孔，使内外气体交换，减少腐烂或二次污染；不要使用彩色塑料薄膜，尽可能使消费者看到番茄果实的本色及新鲜程度。无公害产地番茄，应在包装袋上注明产地、生产单位及品名，以利促销。在注重质量的同时，保证数量，让消费者放心，尽可能满足消费者的需求。

三、特色茄子

茄子亦称落苏、昆仑瓜、酪酥等。茄子起源于亚洲东南部热带地区，古印度为最早驯化地，至今印度仍有茄子的野生种和近缘种。我国栽培茄子历史悠久，类型品种繁多，一般认为中国是茄子的第二起源地。茄子适应性强，栽培容易，产量高，营养丰富，又适于加工，是我国人民喜食的蔬菜之一，在我国南北方普遍栽培，近年来设施茄子栽培面积逐渐扩大。

（一）植物学特征

1. 根

图 3-1　茄子根系

茄子根系发达（图 3-1），由主根和侧根组成，主要分布在深 30 厘米左右的耕层内。主根粗壮，最深可达 1.3 ～ 1.7 米，主根上分生出一级侧根，一级侧根上再分生二级、三级侧根，由这些根组成以主根为中心的根系，根系横向分布的直径可达 1.0 ～ 1.3 米，根系的生长发育与土质、土壤肥力以及品种有关。茄子根系木质化较早，再生能力不强，所以不宜多次移植。

茄子不同品种的地上部与根系的发育状态存在明显的对应关系：植株枝条横展性品种的根系属浅根系，根群横向生长；枝条直立性强的品种，起初在表土层有发达的横展性根，到中途就向下伸长，根群垂直向下生长发达，成伞状分布在土壤深层。茄子的根深能很好地吸收、利用地下水，耐旱性也稍强。

2. 茎

茄子的茎为圆形，直立、粗壮，全株密生灰色的茸毛，色泽为紫色或绿色。不同品种间植株的株高、分枝能力以及开展度都存在较大差异。一般株高在 80 ～ 110 厘米之间，有的甚至高达 2 米以上。幼苗时期茎是草质的，随着植株的逐渐长大，茎轴及枝条的干物质逐渐增加并开始木质化，茄子茎和枝条的木质化程度比较高，能够承载地上部植株以及果实的重量，一般情况下可不搭设支架固定。

3. 叶

茄子为互生单叶，有长柄，叶型有圆形、长椭圆形和倒卵圆形，叶缘都有波浪式钝缺刻，叶长 15 ～ 40 厘米，叶面较粗糙而有茸毛，部分品种叶脉和叶柄处生有刺毛。叶颜色多与果色有关，紫茄品种的嫩枝及叶柄带紫色，白茄和青茄品种大部分呈绿色。茄子叶面积的大小因品种和其在植株上的着生节位的不同而异，一般在植株生长前期长出的下部叶片和生长后期长出的顶部叶片较小，中部的叶片较大。

4. 花

茄子花多为两性花，花瓣 5 ～ 6 片，基部合成筒状，白色或紫色（图 3–2）。开花时，花药顶孔开裂散出花粉，花萼宿存，上具硬刺。根据花柱的长短，可分为长柱花、中柱花及短柱花。长柱花的花柱高出花药，花大色深，为健全花，能正常授粉，有结实能

图 3-2　茄子花

力。中柱花的柱头与花药平齐，能正常授粉结实，但授粉率低。短柱花的柱头低于花药，花小，花梗细，为不健全花，一般不能正常结实。茄子花一般单生，也有 2 ～ 3 朵簇生花。簇生花通常只有基部 1 朵完全花坐果，其他花往往脱落，但也有同时着生几个果的品种。

5. 果实

茄子的果实是由子房发育而成的，属于浆果，以嫩果作食用，果肉主要以果皮、胎座和心髓部构成，胎座的海绵薄壁组织很发达，是果实的主要食用部分。茄子果实的形态和大小多种多样，具有明显的变异。果形可分为球形、扁球形、卵圆形和长棒形等；其形态的界定根据果实的纵横径之比以及果实的长度来确定。茄子果皮的颜色，一般商品果颜色为紫黑色、紫红色、红色、白色、绿色以及这些颜色的中间色等，其中以紫茄最为普遍，老熟后果皮颜色多为黄褐色。茄子的果肉颜色又分为白色、绿色、黄白色等。

6. 种子

茄子在开花后 15 天开始出现种子的形态；25 ～ 30 天种皮变白，种子未成熟；40 天左右种子略带黄色，具有一定的发芽能力，但容易失水，一经干燥，种子体积就会显著缩小，甚至丧失活力；55 ～ 60 天的茄子种子，种皮着色基本完成，千粒重增加，种子基本成熟；60 天后，茄子种子千粒重达到最大值，种子的胚完全成熟，发芽能力和发芽势最好（图 3-3）。茄子种子的千粒重为 3 ～ 4 克，一般在常温下保存种子的寿命为 2 ～ 3 年，低温下能够有效地延长种子寿命。

图 3-3　茄子成熟种子

（二）生长发育过程对环境条件的要求

1. 温度

茄子喜高温，比番茄、辣椒生长要求的温度要高，耐热性也较强，生长发育的适宜温度范围为 20 ～ 30 ℃，但不同的生长发育阶段所需要的温度条件也有所不同。茄子发芽期的最适温度应控制在 25 ～ 30 ℃，低温不能低于 15 ℃，高温不宜超过 40 ℃。茄子在恒温条件下发芽不好，为了保证种子出芽快且整齐，需要进行一定的变温处理。苗期温度管理要充分考虑营养生长与花芽分化及发育对温度的要求，白天控制在 25 ～ 30 ℃、夜间 18 ～ 20 ℃。茄子的开花结果受温度的影响较大，适当高温有利于促进开花结果。白天的适宜温度在 25 ℃左右，茄子能正常结果；当最高温度达不到 20 ℃或高于 35 ℃，就会影响受精，引起茄子的结果障碍。开花结果期夜间适温在 18 ～ 20 ℃，如果温度过高，就会导致同化物质送往生长部位的量变少，从而影响果实膨大，严重时还会造成植株营养不良从而导致生长缓慢。

2. 光照

茄子是喜光蔬菜，但对光周期的反应不敏感，正常自然条件下的日照长短对茄子的发育无太大影响，在 4 ～ 24 小时的光照时间下茄子都可进行花芽分化。但长光照可使茄子的幼苗生育旺盛，花芽分化早，花期提前。若光照时间过长，则会使叶子变黄或植株下部叶片脱落；光照时间太短，则叶片大而薄，植株长势弱且容易徒长，花芽分化晚，开花迟，甚至短柱花多，果实发育不好。

茄子对光照强度的要求比较高，光合作用达到最大值时的光照强度的光饱和点为 4 万勒克斯，光补偿点为 2 000 勒克斯。在弱光下生长的茄子，植株长势衰弱，光合作用能力及产量下降，并且色素不易形成，造成果皮着色不均匀，果面斑纹增多等。特别是在保护地栽培，一些覆盖材料吸收部分光强，使设施内光照减弱，造成茄子果实产量下降。因此，栽培茄子要求设施的采光性能一定要好，同时在植株的栽培密度以及株型调整上要求更为严格。

3. 水分

茄子的光合作用、养分吸收与转运，通常都是以水分为媒介，所以水分在茄子的整个生长期都具有重要的作用。茄子具有较发达的根系，能够充分利用地下水，但由于其分枝性强，叶片大而薄，蒸腾作用强，开花结果期集中，因此需要充足的水分供应。茄子生长适宜土壤湿度为田间饱和含水量的 70% ～ 80%，适宜空气相对湿度为 70% ～ 80%，湿度过高易引发病害。茄子在不同的生育阶段对水分的需求存在差异，因此，要根据具体情况适度浇水，合理控制土壤湿度和空气相对湿度，以利于茄子正常生长和发育。门茄坐果前需水量较小，盛果期需水量大，采收后期需水少。日光温室茄子栽培，温度与水分往往发生矛盾，为保持地温，不能大量灌水，但水分供给必须满足植株生长发育需求。水分不足，植株易老化，短柱花增多，果肉坚实，果面粗糙。茄子根系不耐涝，土壤过湿，易沤根。

4. 土壤

茄子对土壤的适应性较强，在砂质土壤或黏质土壤中都能正常发育。由于茄子耐旱性差，比较耐肥，故适于在有机质丰富、土层深厚、保水力强的中性土壤中栽培，以利于茄子的根系深扎，形成旺盛的根系。pH 值 6.8 ～ 7.3 微酸性到微碱性的土壤有利于茄子的生长和高产，若土壤酸性过大，则容易发生立枯病等病害，可撒施生石灰进行调节。

茄子不喜连作，主要是茄子很多的病害会通过土壤传播。茄子与番茄、辣椒、马铃薯、棉花等作物至少要间隔 3 年再种；若前茬作物为葱蒜类或水稻、玉米、小麦等大田作物，则有利于茄子的高产；茄子与瓜类、豆类等轮作也能获得高产。

5. 养分

茄子生长发育的周期较长，需肥量大，几乎不会发生肥料过多的危害。单位面积内施肥量与不同栽培方式、栽培环境以及果实的熟性有关，科学合理的施肥，可以提高产量，增加栽培效益。茄子在各个生育期间对土壤养分的需求量有所不同，一般茄子在生长发育初期，以吸收氮肥、磷肥为主。随着生育期的延长，这些肥料转移到花和果实中去，到开花盛期，氮和钾的吸收量将大幅增加。氮肥不足，会造成花发育不良，短柱花增多，影响产量。一般每生产 1 000 千克茄子，需吸收氮 3.0 ～ 4.0 千克，磷 0.7 ～ 1.0 千克，钾 4.0 ～ 6.6 千克。

6. 气体

茄子的生长发育离不开空气环境，要求有充足的氧气以及二氧化碳供应。土壤中的氧气含量对茄子的根系生长影响较大。如果土壤积水过多，含氧量低，则会造成茄子根系腐烂死亡。而设施内的二氧化碳含量直接关系到植株的光合作用强弱，低浓度的二氧化碳会阻碍茄子的光合作用，导致茄子碳水化合物供应不足，从而阻碍茄子的长势以及有利于病虫害的发生。因此，必要时应在设施内增施二氧化碳肥，以促进作物生长、增强植株抗逆性、提高果实产量。

（三）主要优良品种（特色品种）

1. 苏崎 4 号

江苏省农业科学院蔬菜所选育的茄子一代杂种（图 3–4）。早熟，耐低温弱光，耐热。植株生长势较强，株型较直立，连续结果性好。果实平均长 32 厘米、横径 4.5 厘米，单果重 200 克。果皮黑紫色，着色均匀，光泽度强，耐成熟，耐贮运。适合全国各地早春和秋延后保护地栽培。

图 3–4　苏崎 4 号

2. 苏茄 5 号

江苏省农业科学院蔬菜研究所选育的紫长茄杂交品种。早熟，始花节位在第 8 ～ 9 节，生长势较强。果实长棒状，果形顺直，平均长30厘米，横径5厘米左右，单果重300克左右。果皮黑紫色，着色均匀，光泽度好。果肉紧实，耐贮运，食用品质佳。适宜长江流域地区早春和秋延后设施栽培。

3. 京茄21号

北京市农林科学院选育的茄子杂交品种。早熟，长势旺盛，分枝能力强，易坐果。果形顺直，长棒状，果实长25～35厘米，横径6厘米左右，单果重300克左右。果皮深黑色，光滑油亮，光泽度佳。果柄及萼片鲜绿色。该品种耐低温和弱光照，抗逆性强，耐贮运，适合保护地长季节栽培。

4. 辽茄8号

辽宁省农业科学院园艺研究所选育的紫圆茄杂交种。早熟，生育期110天。果实圆形，单果重300克左右。果皮黑紫色，极亮，商品性好。果肉白色，质地紧密，耐运输。产量高，平均亩产5 500千克。耐低温弱光，在弱光下果实着色好。适合春提早、露地、秋延后栽培。

5. 大龙长茄

早熟紫长茄品种。株型半张开，叶大小中等，茎稍细，分枝旺盛，丰产性强，早期产量高。果实长23～28厘米，横径4～5厘米，果皮紫黑色，光泽好。果肉柔嫩，品质佳。具耐热性，高抗黄萎病，石茄等畸形果发生率低，商品率高。

6. 鄂茄4号

武汉市蔬菜科学研究所选育的杂交品种。果实长条形，长34.6厘米，横径3.7厘米，单果重170克。果皮黑紫色，有光泽。果肉白绿色，肉质柔嫩。果实干物质含量8.45%，可溶性固形物含量2.67%，蛋白质含量1.05%。耐低温和抗倒伏能力强，适合湖北、江苏、安徽及气候条件类似的地区春季露地栽培。

7. 长野黑美

济南茄果种业发展有限公司选育的紫黑茄品种。植株生长势强，始花节位在第 6 ～ 7 节。果皮黑紫色，光泽度好。果实长棒形，长 35 ～ 40 厘米，横径 5 ～ 8 厘米，单果重 350 克左右，口感佳。采收期长，高抗茄子黄萎病、绵疫病等，适合黔北地区露地栽培。

8. 布利塔

图 3–5　布利塔

荷兰瑞克斯旺公司培育的高产抗病耐低温优良品种（图 3–5）。植株开展度大，无限生长，花萼小，叶片中等大小，无刺，早熟，丰产性好，生长速度快，采收期长。适于日光温室、大棚多层覆盖越冬及春提早种植。果皮紫黑色，质地光滑油亮。果柄及萼片绿色。果实长 25 ～ 35 厘米，横径 6 ～ 8 厘米，单果重 400 ～ 450 克。果肉质地紧密，味道鲜美，耐贮存，商品价值高。正常栽培条件下，每亩产量可达 18 000 千克。

9. 765

荷兰瑞克斯旺公司选育的耐低温品种。植株开展度大，早熟。果实棒形，绿萼，果皮紫黑色。果实长 25 ～ 35 厘米，横径 6 ～ 8 厘米，单果重 400 ～ 450 克。连续坐果性好，丰产性好，采收期长，耐低温性好，货架期长。适合日光温室长季节栽培。

10. 茄杂 2 号

河北省农业科学院蔬菜花卉研究所育成的茄子杂交品种。株高

80 ～ 90 厘米，生长势强，始花节位在第 8 ～ 9 节。果实圆形，果皮紫红色，有光泽，果柄紫色，果肉浅绿白色，单果重 600 ～ 800 克。适于春保护地及露地栽培。

11. 杭州红茄

浙江地方品种。株型较矮，长势较弱，株高约 50 厘米，开展度 41 厘米 ×47 厘米，分枝能力强，抗性中等，耐低温和高温能力较弱，第 9 ～ 10 叶出现第一朵花。果实细长均匀，长 25 ～ 30 厘米。果皮紫红色，表面光泽鲜亮，果皮薄（图 3–6）。果肉白色，质糯，食味鲜美。一般亩产 2 000 ～ 2 500 千克。

图 3–6　杭州红茄

12. 引茄 1 号

浙江省农业科学院蔬菜研究所育成的茄子杂交种。植株生长势强，早熟，始花节位在第 9 ～ 10 节。果皮紫红色，光泽好。果实长 35 ～ 40 厘米，横径 2.2 ～ 2.6 厘米，单果重 60 ～ 70 克。丰产性好，采收期长，中抗青枯病、抗绵疫病和黄萎病。适宜喜食紫红长茄的地区早春保护地和露地栽培。

13. 沪茄 5 号

上海市农业科学院园艺研究所选育的杂交品种。早熟，植株生长势强。果实细长条形，果皮紫黑色，光泽好。果实长 35 ～ 40 厘米，横径 3 厘米左右，单果重 100 克左右。品质优良，产量高。适合华东地区和华中地区等全国长条茄栽培区。

14. 早丰红茄

华南农业大学园艺学院选育的茄子杂交一代早熟红茄新品种。植株高 90 ～ 100 厘米，叶片较细，坐果能力强，单株结果数较多。果实长棒形，粗细均匀，末端略尖，果长 27.2 厘米，横径 4.6 厘米，单果重 182 克。果皮紫红色，果肉白色。抗病性稍差。适宜华南地区春秋季种植。

15. 天龙 8 号

广州亚蔬园艺种苗有限公司选育的中晚熟茄子新品种。植株生长旺盛，分枝结果多，株型紧凑，株高 135 ～ 140 厘米。耐热耐寒，适应性强。果实长条形，盛收期果长 32 ～ 35 厘米，横径 4.5 ～ 5 厘米，单果重 250 ～ 300 克。果皮深紫色，光泽好，鲜艳美观，高温期间不易褪色（图 3–7）。果肉紧实，质细嫩。果形整齐度好，商品率高，耐贮运。在气候正常和良好栽培条件下，亩产高达 5 000 千克以上。

图 3–7　天龙 8 号

16. 西安绿茄

西安地方品种。植株长势较强，门茄着生在 7 ～ 8 节上方。果实卵圆形，果皮油绿色，光泽好，较厚（图 3-8）。果肉白色，较紧密，耐运输。单果重 300 ～ 500 克，丰产性较好，亩产 4 000 千克以上。抗病性一般，较耐低温，是中早熟品种。我国北方保护地绿茄栽培区栽培较多。

图 3-8　西安绿茄

17. 绿罐 2303

极早熟绿茄杂交品种。生长势强，株型紧凑。耐低温，抗高温，低温下不易畸形，管理容易。果面光滑无棱沟，果形硕大、端正，长卵圆形，皮色极其亮绿。果肉细密紧实，单果重 700 ～ 1 500 克。耐贮藏和运输，商品性极佳。抗病性较强，易坐果，果实发育速度快，四门斗连续结实能力强，早春大拱棚栽培亩产可达 1.5 万千克。

18. 苏茄 8 号

为大棚栽培特别选育的中早熟绿茄新品种，是早春绿茄生产抢早上市的最好品种之一（图 3-9）。抗病能力强，耐低温生长。植株节

图 3-9　苏茄 8 号

间短，连续结果能力强。果实长棒状，果皮绿色光亮，品质好，茄长 35 厘米左右，横径 4 ～ 5 厘米，单果重 240 克左右，亩产 5 000 千克左右。

图 3-10　白玉白茄

19. 白玉白茄

广东省农业科学院蔬菜研究所选育杂交一代品种。植株生长势强，株高约 96 厘米。早熟，播种至始收春季 105 天、秋季 86 天，延续采收期 46 ～ 68 天，全生育期 151 ～ 154 天。果实长棒形，头尾均匀，尾部尖。果皮白色，光泽度好，果面着色均匀，萼片绿色（图 3-10）。果肉白色、紧实。果长 25.7 ～ 26.1 厘米，横径 4.11 ～ 4.30 厘米。单果重 190 克。

20. 白衣天使

安徽省农业科学院园艺研究所选育的杂交一代新品种。植株生长势强，分枝力中等，叶色淡绿。果实粗棒形，白皮白肉，果面光滑，果肉细嫩。一般单果重 200 克左右，亩产 3 500 ～ 4 000 千克。高抗枯萎病和绵疫病，适宜保护地和春夏露地栽培。

21. 竹丝茄

西南地区的地方品种。早中熟，抗病性强，高产，经济效益佳。第一花序着生于第 7 ～ 11 节，花冠浅紫色，花萼浅绿带红色纵条纹。果实长棒状，果蒂部微弯。果长可达 40 厘米，横径 6 ～ 7 厘米。果皮浅绿色，带紫红色细条纹。单果重最高可达 300 克。

22. 安吉拉

荷兰瑞克斯旺公司选育的紫花新品种。植株生长旺盛，开展度大，花萼小，叶片中等大小，丰产性好，采收期长。果实长灯泡形，整齐一致。果长 22 ～ 25 厘米，横径 6 ～ 9 厘米，单果重 350 ～ 400 克。果皮带紫白相间条纹，绿萼，质地光滑油亮（图 3–11）。果肉白，质地细嫩，味道鲜美。适合秋冬温室和早春保护地种植。

图 3–11　安吉拉

23. 五角茄

多年生草本，株高 1 ～ 2 米，茎叶均有细茸毛，长有锐刺，四季均能开花，花瓣紫色。幼果淡绿色，成熟果金黄色，有 5 个似乳头或手指状突起，造型奇特可爱。花果期为夏秋季，挂果期长，尤其是入冬落叶后，因其果实不变色、不干缩，别致诱人。

24. 白蛋茄

一年生草本，株高约 30 厘米，叶互生，于叶腋间抽出单花，夏季开花。浆果，初为白色，成熟时会转黄色，椭圆形，长约 5 厘米，形似鸡蛋（图 3–12）。喜温暖向阳和排水良好的壤土。

图 3–12　白蛋茄

（四）育苗技术

农谚道“苗好五成收”，任何一种蔬菜要获得较高产量和优质的产品，都要以培育优质壮苗为基础。育苗是蔬菜生产的特色，通过培育壮苗可以缩短茄子在大田的生长时间，增加土地的利用率以及复种指数，显著提高茄子产量和经济效益；培育壮苗还可以提早成熟，延长茄子上市供应时间；同时育苗过程也便于管理，还具有节约劳动力，节省种子等优点。

1. 主要的育苗方式

（1）常规育苗 常规育苗主要是指地面直播及营养钵、营养袋育苗。茄子育苗根据季节不同选用大棚、阳畦、温床等育苗设施，夏秋季育苗应配有防虫遮阳设施，创造适合秧苗生长发育的环境条件（图 3–13）。

图 3–13 营养袋常规育苗

（2）穴盘育苗 穴盘育苗是近年来运用于反季节蔬菜生产的育苗新技术，与传统育苗方式相比，具有以下几方面的优点：播种后出苗快，幼苗整齐，成苗率高，节省种子量；苗龄短，幼苗质量好；根系发达、完整，移栽时伤根少，缓苗快，收获期提前；苗床面积小，管理方便，便于运输；基质通过消毒处理，且不用田园土壤，可减少土传病虫害传播，且适宜工厂化育苗（图 3–14）。

图 3–14 工厂化穴盘育苗

（3）嫁接育苗 嫁接育苗不仅能够避免轮作带来的土传病害，增加植株的抗病能力，而且由于砧木的根系发达，吸水吸肥能力强，有效提高了土壤水肥的利用率，并增强了茄子的抗逆性，植株生长旺盛，不易徒长和死棵，植株寿命长，延长了采收期。茄子嫁接育苗栽培技术方法简单，操作容易，增产效果显著（图 3–15）。

图 3-15　嫁接育苗

（4）扦插育苗　扦插育苗是利用某些蔬菜的一定部位容易产生不定根的特点，通过植物生长调节剂处理，并在适宜的环境下培养，促使其发根发芽，形成新的幼苗的育苗方法。茄子扦插育苗较播种育苗节省种子，管理方便，成本低，节省空间，在生产上具有较大的推广价值。扦插育苗非常适宜价格较贵的进口茄子品种。

2. 播种

（1）播种期与播种量的确定

① 播种期的确定。我国各地区环境差异较大，温度变化各异，由于茄子的茬口安排和栽培方法的不同，播种期必须因地制宜，灵活安排。一般在长江以南地区由于温度相对较高，播种茄子较早，而长江以北地区则较迟。播种期的确定还应充分考虑育苗的保护地条件，温室电加温育苗可早播；普通苗床则应迟播，避免茄子苗徒长。

② 播种量的确定。茄子因品种的差异其种子大小差异较大，一般的茄子种子千粒重在 2.5 ～ 4.5 克之间，种子发芽率在 90% ～ 95% 之间，有效成苗率在 85% ～ 95% 之间，生产上的成苗率在 70% ～ 80% 之间。以普通品种的千粒重为 3.5 克计算，每克种子大概有 300 粒种子，以每亩定植 2 500 株计算，其计算公式如下：

每亩用种量 =2 500 ÷（300 × 0.9 × 0.85 × 0.7）=15.6 克

生产过程中为了应对一些突发事件，比如病害、虫害以及自然灾害等，在育苗时都要有 20% ～ 30% 的预备苗。因此，在购买种子的时候，应根据栽培面积，计算出实际需要的种子量，然后在此基础上增加 20% ～ 30% 的用种量。

（2）种子处理

① 打破休眠。对一些当年采收的茄子种子，常有一段休眠期，即使进行温汤浸种，对发芽的促进效果也不明显，发芽天数显著增加。但生产上为了及时播种和促进出苗整齐，必须打破种子休眠。常用的方法是在浓度为 100 ～ 200 毫克 / 升的赤霉素溶液中浸种 12 ～ 24 小时，能够显著促进茄子种子的发芽。

② 浸种催芽。确定好茄子播种期后，在播种前 5 天要及时进行浸种催芽。浸种可使茄子种子的发芽快，出苗好，并有助于提高苗子的抗逆性。目前常用的浸种方法有普通浸种和温汤浸种。

普通浸种：用 20 ～ 25 ℃的干净清水浸泡茄子种子，经搅动将浮在水面上的瘪籽去除，再搓洗种子，去掉粘在种皮上的果肉、果皮等杂质。然后再换清水浸泡 4 ～ 6 小时，直至种子充分吸水膨胀。

温汤浸种：将待播的种子装入纱布袋中用水洗净后放入 50 ～ 55 ℃温水中不断搅拌，以保持种子受热均匀，并保持水温

15 ～ 20 分钟，再继续在室温下浸种 8 ～ 10 小时。这种方法能够杀死附着在茄子种子表面和种子内部的病菌，起到消毒杀菌的作用。

间歇性浸种：先将种子浸泡 8 小时，然后从水中取出种子袋，摊晒 4 ～ 8 小时，再浸泡 8 小时，再次摊晒 4 ～ 8 小时，至手摸不黏为准。这种浸种方式可使水分充分渗入种子内部，避免种子吸水过多而影响透气性，能够充分保证种子在发芽过程中对氧气的需求，促进茄子提早发芽，并缩短催芽时间。

（3）播种的方法 播种的前 1 天，整平苗床，将苗床土表面的土块、石头等杂质去除干净，并将苗床浇足底水。浇水的标准要求使床内 8 ～ 10 厘米内的土层都湿润，这样做可以维持到出苗前都不需要浇水。浇水时应往返一次性浇透，以免床面积水、土面板结，水量不宜过少，而且往返次数不能多，否则影响出苗。

播种最好采用撒播法或条播法，做到每次少播一些，来回多播几次，要尽量保证种子在苗床内均匀分布。可将浸种后的种子拌上干细土、煤灰或干谷壳等再进行播种。播种过程中撒种力度不宜过大，以防损伤已经露白的种子幼芽。播种后要及时覆盖 1 厘米左右的优质培养土或基质等，覆土要均匀，这样才能保证出苗整齐，覆土后再覆盖地膜或旧报纸增温保墒。要注意覆土不能太薄，否则会造成幼苗“戴帽”出土，致使茄子的子叶不能完全展开，严重影响苗期光合作用，阻碍茄子的生长。

由于茄子对苗床的环境条件要求比较严格，播种应在晴天上午 10 时到下午 2 时进行，夏季育苗则要在傍晚进行。寒冷季节育苗时，播种后要及时采取覆盖保温等措施，促进种子发芽，否则容易导致出苗不齐。

3. 无土育苗技术

无土育苗技术可以杜绝苗期土传病害，出苗整齐，育苗质量高，占用空间小，便于管理，再加上轻型无土基质的采用，使得茄子商品苗的远程运输成为可能，是目前生产上特别是规模化种植茄子最常用的一种育苗技术。目前常用的育苗方式有穴盘育苗、平底育苗和营养钵育苗，其中穴盘育苗最为普遍。

（1）穴盘的选择 穴盘越小，穴盘苗对基质中的水分、养分、氧气、pH 值、EC 值（可溶性盐浓度）的变化就越敏感。而穴孔越深，基质中的空气就越多，有利于透气及淋洗盐分，有利于根系的生长。基质至少要有 5 毫米的深度才会有重力作用，使基质中的水分渗下，空气进入穴孔越深，含氧量就越多。较深的穴孔为基质的排水和透气提供了更有利的条件。目前生产上最常用的有 288 孔、128 孔、72 孔、50 孔和 40 孔规格的穴盘。由于茄子苗龄较长，幼苗较大，所以在生产中多采用 72 孔、50 孔穴盘。也可以采用 288 孔穴盘，待幼苗长至 2 叶 1 心时，再移栽到育苗床或营养钵中。

（2）基质的选择与配制 用草炭和蛭石 2∶1 或 3∶1 混合（体积比），草炭、蛭石和废菇料 1∶1∶1 混合，其中也可以用珍珠岩代替蛭石。工厂化育苗时，可直接采用商业基质。配制基质时加入 15∶15∶15 氮磷钾三元复合肥 3.2 ～ 3.5 千克，或每立方米基质加入 1.5 千克尿素和 1.5 千克磷酸二氢钾，或 2.5 千克磷酸二铵，肥料与基质混拌均匀。由于干燥的草炭吸水困难，所以在混匀过程中要边喷水边混匀，然后放置几个小时，一般以基质达 60% 饱和含水量为宜，即用手握一把基质，没有水分挤出，松开手会成团，但轻轻触碰，基质就会散开（图 3-16）。

（3）基质填装 将配制好的基质装入穴盘中，表面用木板刮平。各穴孔填充程度要均匀一致，否则基质量较少的穴孔干燥的速度比较快，从而使水分管理不均衡。然后，将填装好基质的 7 ～ 10 个穴盘叠放在一起，用双手使劲按压最上面的穴盘，这样下部穴盘就会被压出一个深约 0.5 厘米的穴，便于播种（图 3-17）。

图 3-16 混配基质

图 3-17 基质装盘

(4) 播种

① 种子处理。具体的操作过程请参见前文有关茄子种子处理相关内容。

② 播种。将经过消毒、浸种、催芽等处理的种子点播在穴盘中，每穴播种 1 粒种子，尽量保证将种子播在穴孔中间，并且播种的深度相对一致。播种后，覆盖潮湿的蛭石，并用木板刮平。再用雾化喷头或喷水细密的水壶进行浇水，在浇水过程中要尽量避免将蛭石冲起来，水应浇到能从穴盘底孔滴出为止，以保证基质相对含水量达到 100%，在穴盘上覆盖地膜、旧报纸等，减少水分蒸发，尽可能地保持基质湿润。在 50% 的种子出苗后，应及时除去覆盖物。

(5) 苗期管理 播种后，将穴盘放入育苗床内。白天苗棚温度应控制在 25 ～ 30 ℃，夜间保持在 20 ～ 25 ℃。一般早春育苗应通过地热线加温或其他临时加温措施来保证苗棚温度，因为温度过低将严重影响出苗速率，而且出苗后容易沤根和得猝倒病等。由于基质中的草炭营养丰富，所以在育苗前期可以不用补充肥料，只浇清水即可。待幼苗出现生长缓慢、叶片黄化等现象时再补充肥料，可用复合肥浸泡液结合喷水进行追施叶面肥，但用肥量不宜过大，否则容易造成茄苗徒长。基质的保水能力远远低于土壤，因此浇水的次数要比营养钵育苗频繁，利用穴盘育苗在第一次浇透水后到出苗前都不需要浇水，或只少量喷水。苗期子叶展开到 2 叶 1 心时，基质相对含水量应保持在 70% ～ 75%，水分过多容易造成沤根或徒长。

(6) 病虫害防治 穴盘苗的时间较短，所以很少受到病虫害的威胁，但是由于生长过于密集，而且数量众多，如果对环境控制不力或管理不当，也会有病虫害的问题。病原菌及害虫等经由种子、穴盘、栽培基质及周围环境可侵染茄苗。所以隔绝病虫害及其感染途径是最有效的防治方法。可在播种前用50%多菌灵1 000倍液拌入基质中，以达预防病害作用。

4. 嫁接育苗

随着茄子反季节栽培面积的不断扩大，轮作倒茬的栽培制度在棚室生产中已经不能适应，茄子黄萎病、根结线虫、枯萎病等土传病害发生严重，单靠药剂防治效果不明显，而通过茄子嫁接育苗不仅能够避免轮作带来的土传病害，增加了茄子的抗病能力，而且植株生长旺盛，增产效果显著。茄子嫁接育苗主要包括砧木的选择、砧木和接穗苗的培育、嫁接及嫁接后的管理等环节。

（1）砧木的选择　茄子嫁接的砧木应自身抗病抗逆能力强，对茄子一些常见土传病害，如黄萎病、青枯病、根腐病、根结线虫等，应达到高抗或高耐；对接穗果实无不良影响，不改变果实的颜色、果形以及风味等，不出现畸形果；对接穗要有较强的亲和力，以使接穗不发生黄萎、脱落和死亡，确保接穗在不良环境中能正常生长；具有留种简单、发芽率高、结实率高、方便管理等特点。目前生产上常用的茄子砧木品种主要有托鲁巴姆、刺茄（CRP）、赤茄等。

（2）嫁接苗与接穗播种期的确定　为了使接穗和砧木的嫁接适期协调一致，必须准确计算好播种适期。砧木和接穗的播种期因所用砧木的品种不同而异，主要取决于砧木的品种和生长速度。对于生长速度较慢的野生茄砧木，如托鲁巴姆、刺茄（CRP）等要比接穗提前 20 ～ 25 天育苗，并且在播种前要用赤霉素或变温处理才能正常发芽。而对于生长较快的砧木如赤茄和耐病 VF 等，只要比接穗提前 3 ～ 7 天播种即可。

（3）嫁接适宜时间的确定 嫁接适宜时间主要决定于砧木苗茎的粗度。一般来说，当砧木茎粗达 3 ～ 5 毫米，有 5 ～ 7 片真叶时，茎下部已木质化为最佳嫁接适期。过早嫁接，砧木茎细，不易操作，影响嫁接效果；过晚嫁接，砧木木质化严重，影响嫁接的成活率。嫁接部位一般选在砧木第二和第三片真叶之间，所以要特别注意这部位的粗度和长度，一般要求砧木苗的高度不小于 10 厘米。但实际操作过程中，常常由于砧木苗前期的生长缓慢以及环境不良等原因，嫁接前苗高度和粗度达不到要求。在此情况下，应通过改善苗床环境，并用 20 毫克 / 升的赤霉素溶液喷洒幼苗，促使砧木的苗茎伸长。

（4）茄子嫁接方法 茄子常用的嫁接方法有靠接法、插接法、劈接法和贴接法等。

① 靠接法。将茄子苗与砧木的苗茎靠在一起，两株苗通过苗茎上的切口相吻合而形成一株嫁接苗。其主要特点是：带根嫁接，嫁接苗不宜失水萎蔫，对苗床环境变化的反应不甚敏感，容易成活；砧木的嫁接部位较粗，比较容易进行结合操作。

② 插接法。用竹签或金属签在砧木苗茎的顶端或上部插孔，把削好的茄子苗茎插于孔内组成一株嫁接苗。该嫁接方法的操作工序少，简单省事，嫁接工效比较高，嫁接部位不易发生劈裂或折断，茄子和砧木的结合面也比较大，有利于成活，是一种比较理想的嫁接方法。

③ 劈接法。先将砧木去掉心叶和生长点，然后用刀片由苗茎的顶端把苗茎劈一切口，再将接穗切除上部后削成楔形，使接穗切口

与砧木切口相适，把削好的茄苗接穗插入砧木并固定形成嫁接苗。在利用劈接法时应注意茄苗带叶的数量要适宜，一般来讲，茄苗稍大一些，留叶稍多一些有利于嫁接后茄苗的生长和培育壮苗，但如果留叶过多，茄子苗穗的失水将增多。由于砧木苗茎切面的供水能力是一定的，茄苗失水过多时，必然会因水分供不应求而导致苗穗失水萎蔫，影响嫁接苗的成活率，因此嫁接应按要求留叶。

④ 贴接法。砧木与接穗达到 5 ～ 6 片真叶时，砧木与接穗的苗粗细应接近，开始斜面贴接。茄子砧木保留 2 片真叶，用刀片在第二片真叶上方的节间处斜削，去掉顶端，形成角度为 30° 的斜面，斜面径长 1.5 厘米。再将接穗拔下，保留 2 ～ 3 片真叶，去掉下端，用刀片削成一个与砧木同样大小的斜面，然后将砧木和接穗的两个斜面贴合在一起，最后用专用夹子夹住固定好。

（5）嫁接苗的苗期管理　茄子嫁接苗成活率的高低，除了与嫁接质量有关外，还与嫁接后的管理有密切关系。采用各种嫁接法，茄子嫁接后都要移入苗床里盖小拱棚，以免发生接穗萎蔫。嫁接苗接口愈合期白天温度应控制在 28 ℃左右、夜间 20 ℃左右。上午 10 时至下午 4 时应避免阳光直射，采用遮阳网遮阴。若此阶段温度长时间偏低，则砧木和接穗的结合较慢，嫁接苗的成活率低；若温度过高，则茄子苗的失水加快，容易发生萎蔫。嫁接后前 3 天，棚内空气相对湿度要达到 95% 左右，需要及时补充水分，浇水最好采用喷雾的方式进行，经过 6 ～ 7 天后可逐渐揭开小拱棚通风，逐步降低湿度，使空气相对湿度保持在 80% ～ 85%。待嫁接苗成活后揭开覆盖物，增加通风时间和通风量，逐渐恢复正常育苗管理。

在缓苗过程中要及时去除砧木的侧芽，防止养分的消耗造成接穗营养供应不足，以保证接穗的生长。同时，要去掉从接穗上长出的不定根，防止其根系扎入土壤，导致病菌从不定根中进入嫁接苗，引发病害。嫁接苗上的嫁接夹不要过早去掉，在不影响苗茎正常生长的情况下，嫁接夹的保留时间越长越好。一般在定植成活后去除，这样可以防止定植时埋土超过接口。

（五）主要栽培类型及相应栽培技术

1. 日光温室冬春茬茄子栽培

（1）品种选择 日光温室冬春茬茄子对品种的主要要求是：中晚熟，植株长势强，结果期长，耐低温弱光，产量高；在低温、潮湿以及弱光条件下，不发生徒长，以确保植株及时坐果。

（2）培育壮苗 日光温室冬春茬茄子的播种期一般安排在8月中下旬或9月上旬进行。育苗应掌握的要点：播种后到出苗前温度白天控制在28～30℃、夜间18～20℃，一般1周左右即可齐苗。齐苗后，白天温度降到20～23℃、夜间15～20℃。出苗至2片真叶期要防止徒长，及时通风，白天气温22℃时开始通风，温室内温度白天保持25～28℃、夜间12～15℃。齐苗前一般不需要浇水，但温室内空气相对湿度应保持在70%～85%，齐苗后为50%～60%，苗缺水时，在晴天上午喷水补充水分。

利用苗床育苗时，要及时分苗，在2～3片真叶时将苗移栽到营养钵中；如果利用穴盘育苗则不需要分苗。该茬口育苗，因育苗时间长，苗期发现营养不足，可用2%的磷酸二氢钾或0.5%的尿素水溶液喷洒。在茄苗门茄花蕾下垂、含苞待放时即可定植。育苗时一定要注意保护根系，定植时不伤根，避免落花。

（3）定植前田间准备与定植

① 定植前准备。日光温室冬春茬茄子栽培，要在定植前20天对前茬作物拉秧倒茬，并及时清理田间杂物，结合深耕翻地，深施基肥，并喷施杀菌剂等进行高温闷棚消毒。一般每亩施经过充分腐

熟的堆肥 5 000 千克，过磷酸钙 40 千克，尿素 15 千克，饼肥 50 千克。将基肥均匀撒于地面，结合深耕翻地 20 ～ 25 厘米，一定要将基肥深翻入耕作层土壤中。深翻后，耙平土壤，然后开沟作畦，一般畦宽 1.2 ～ 1.5 米，畦高 15 厘米左右，畦面要做成龟背形，有条件地区可以铺设膜下滴灌设备（图 3–18）。

图 3–18　膜下滴灌

定植期主要根据苗龄大小和天气状况来确定。幼苗的壮苗标准为：具 9 ～ 10 片真叶，株高 25 ～ 30 厘米，茎粗 0.6 ～ 0.8 厘米，并开始发生分枝，带花蕾，根系发达。

② 定植。冬春茬茄子定植一般在 10 月下旬至 11 月上旬进行，应选择在连晴天初的上午 9 时至下午 3 点前完成，最迟不能超过下午 4 点。不要在阴天及连晴天尾定植，以防定植后地温长时间偏低，推迟茄子缓苗，并引起烂根。茄子定植浇水后，幼苗茎叶上有

水珠，如果这时马上把塑料膜盖上，加上夜间温度低，空气相对湿度提高，还有一部分水蒸气凝固，茎叶上的水珠更多，容易使茄子发生病害。因此，晚上盖棚以前应通风，将茎叶上的水珠晾干。

（4）定植后的管理

① 温度和湿度管理。茄子定植后 3 ～ 5 天应保持较高的空气温度，力争做到白天温度保持在 25 ～ 30 ℃，夜间保持在 15 ～ 20 ℃，一般不超过 32 ℃不必放风，这样有利于新根的发生和促进对养分的吸收。植株缓苗后应注意通风换气，白天可适当揭膜放风，温度保持在白天以 23 ～ 25 ℃为宜，夜间不低于 15 ℃。若遇到寒潮，则要及时覆盖保温被，并在四周加盖草帘保温。遇连续阴天时，仍要适当放风。如果植株徒长就要适当降温，尤其要降低夜间温度；植株长势弱时要适当提高温度；遇连续阴雨天，冬暖大棚温度偏低时，应适当降低通风量。在阴雪寒冷天气，必须坚持尽量揭帘见光和短时间少量通风；连阴乍晴后室温不可骤然升高，发现萎蔫须盖草帘遮阳。

② 水肥管理。选择晴天上午结合浇水按穴追施 1 次“提苗肥”，注意氮肥不宜过多。其后到坐果前一般都不需要再浇肥水，但对部分特别弱的小苗可适当追施 1 次平衡肥。进入结果期后应加大追肥次数和用量，保证植株持续生长和果实膨大的需要。一般在采收门茄后追肥 1 次，每次每亩追施尿素 20 千克、硫酸钾 8 千克，可采用穴施或条施，过后每 7 ～ 10 天结合浇水施 1 次肥。茄子缓苗后应适当控制水分，初花坐果期只需适量浇水，协调营养生长与生殖生长的关系，提高前期坐果率。大量坐果后，必须充分供水，一般土壤相对含水量应保持在 80% 左右，有条件的地方，最好采用膜下滴灌装置补充水分和肥料。

③ 整枝摘叶。做好整枝摘叶工作，是保证茄子丰产的重要途

径。在冬季日光温室里栽培，密度大，光照弱，通风量又小，如果不进行整枝，中后期一般很容易只长秧不结果，所以必须进行整枝摘叶等工作。茄子一般采用双干整枝的方法，即一般将门茄以下的侧枝全部抹除，并及时将上部多余的侧芽也打掉，对茄以上留 2 个枝干，每枝留 1 个茄子，每层果留 2 个茄子。在后期温度升高，可以保留 3 个结果枝。

④ 保花保果。茄子坐果的最佳温度为 23 ～ 25 ℃，温度过低，生长缓慢，易落花；温度过高，花器发育不良，也容易造成落花。冬春茬茄子，由于坐果期正值低温季节，土壤温度低，开花期光照不足，容易形成短柱花而影响坐果。因此，必须合理地使用一些生长调节剂来增加茄子的坐果率。生产上多采用 1% 防落素 20 ～ 30 毫克 / 升稀释液，在开花前 1 天至开花当天或开花后 1 天，用毛笔蘸取液体涂抹花柄处或手持式喷雾器喷花，并可以在药液中加入 30 毫克 / 升的赤霉素，促进果实生长（图 3–19）。

图 3–19　茄子点花

⑤ 采收。茄子采收成熟度与其产品品质有密切的关系。采收过早，茄子的大小和重量达不到标准，品质、色泽和风味也较差；采收过晚，果皮硬化，果肉坚硬，影响商品价值，产量下降，也不耐运输和贮藏。

温室冬春茬茄子采收必须适时，门茄应适当早采收，以免影响植株生长，采收标准要看宿存萼片，即通常所说茄盖边沿的带状环（茄眼），带状环宽，说明生长快，反之，说明果实生长渐慢，应及时采摘。一般在清晨或傍晚温度较低时采收，果皮色泽在一天中以清晨最好，午后最差。采收前几天最好不要大量浇水，也不要在雨天采收。采收时为了防止折断枝条，最好使用剪刀剪采。

采收前，要安排和计划好采收的容器，采收的时期和采收的方法。茄子是以鲜食为目的的蔬菜产品，基本都以人工采收为主。采收时要避免机械损伤，一般可戴手套用剪刀采收后放入采收袋或采收篮中。采收后的茄子应放到阴凉的地方，避免晒到太阳，否则会引起果实变软（图 3-20）。

图 3-20　茄子采收后装筐

2. 日光温室秋冬茬茄子栽培

（1）品种选择　日光温室秋冬茬茄子栽培对品种的要求主要是：应选用中早熟品种，植株株型偏小，适宜密植；植株长势强，坐果能力强，产量高；茄苗在高温、潮湿以及弱光条件下，都不易发生徒长；中后期要耐低温、弱光，抗逆性强。

（2）培育壮苗 秋冬茬茄子，一般在7月中下旬进行育苗，苗期35～40天。该茬茄子最好采用营养钵或50孔或72孔穴盘育苗，每钵（穴）播1粒种子。

该茬茄子育苗期正值高温多雨季节，不利于茄子苗生长。因此，应加强苗期管理，达到培育壮苗的目的。茄子出苗后，应避免强光照射苗床，避免苗床湿度过大等。如果是撒播，则应及时分苗或间苗，避免苗株拥挤。苗床要加强通风，浇水以不干不浇为原则，防止茄苗徒长，徒长苗可喷洒0.3%矮壮素溶液，减缓茄苗的生长速度，控制肥水用量。用防虫网密封苗床，防治蚜虫、白粉虱等病毒媒介进入育苗床，也可挂黄板进行诱杀（图3-21）；定期施药，可在出苗后每周交替喷施多菌灵、甲霜灵、百菌清等农药防治病害。

图3-21 育苗床挂黄板诱杀害虫

（3）整地定植

① 整地施肥。日光温室秋冬茬栽培茄子，结果期正处于冬季低温季节，追肥相对较为困难，而且根系老化快，吸收养分能力降低。所以在定植前应施足基肥，后期再适当追肥即可。基肥以优质的有机肥为主，一般每亩施腐熟的圈肥 5 000 ～ 6 000 千克，饼肥 50 千克，复合肥 50 千克，尿素 50 千克，过磷酸钙 50 千克。均匀撒施后深翻土壤，将肥料混入 30 厘米深的土层中，整平土地，开沟作畦。秋冬茬茄子宜采取深沟高畦栽培，畦宽 0.9 ～ 1.0 米，畦面上铺设地膜，四周用土压牢。

② 定植。通常于 8 月上中旬定植。选择晴天上午或傍晚，不宜在高温、强光的晴天中午进行，以防秧苗萎蔫、死亡。该茬茄子的定植密度不宜过大，一般株距 40 ～ 60 厘米，行距 60 ～ 80 厘米，每亩栽种 2 000 株左右。定植时应选用大小一致，7 ～ 9 片真叶，门茄花现蕾的健壮苗，尽量带土移栽，保持根系完整，小苗应单独分开栽植，方便后期的单独管理（图 3–22）。

图 3–22 定植

（4）定植后的管理

① 温度管理。秋冬茬茄子定植期正处于高温季节，外界温度高，能够满足茄子的正常需要，缓苗快，缓苗后生长发育旺盛。但是如果遇到白天超过 35 ℃，则应及时通风换气，防止茄苗失水过快，发生萎蔫。活棵后可浇缓苗水，并逐步放风，保持室温白天 25 ～ 30 ℃、夜间 15 ～ 20 ℃，如果白天外界温度高于室温，则应加大通风量或加盖遮阳网。该茬茄子进入结果期后，外界温度逐步变冷，应提前做好防寒保温措施。在雨雪天气应加盖草帘或保温被，维持室内温度。

② 光照管理。秋冬季日照时数缩短，光照强度渐弱，而覆盖物的反射与吸收又会损失部分光能，导致棚内光照更弱，不利于茄子的生长发育，故应创造条件尽量减少光源的损失。要在保证温度的条件下早揭晚盖覆盖物，阴雨雪天也要适当揭开草帘，保证温室内进入一定量的散射光。延长光照时间，保持棚膜外表清洁，及时擦除棚膜内水滴，并选用无滴膜。该茬茄子栽培还可采用反光地膜或张挂反光膜，这样能将更多日光反射到茄子上，可增加下部光照，提高产量。

③ 水肥管理。茄子定根水浇足后，一般在门茄坐果前可不必浇水，但也要根据天气情况灵活掌握，遇连续晴天时应增加浇水次数，但每次不宜大水浇灌。进入结果期后每 7 天左右浇 1 次水，但此时外面气温较低，浇水应选在晴天进行，最好采用膜下暗灌的形式进行。

一般在施足基肥的情况下，定植后到门茄果实膨大前都不需要追肥。在门茄开始膨大后进行追肥，每亩追三元复合肥 30 千克，随浇水浇入。进入茄子盛果期，每亩每次可追施尿素 13 千克和硫酸钾 7 千克，还应结合叶面喷肥的方法进行补肥，常用的叶面肥有尿素以及磷酸二氢钾，尿素浓度为 0.2% ～ 0.4%，磷酸二氢钾浓度为 0.1% ～ 0.3%。茄子追肥后要适当加大通风量，以防有害气体危害植株。

④ 植株调整。日光温室秋冬茬茄子结果期比较集中，结果期温度低，室内光照较差，为改善植株间通风透光条件，需要进行整枝摘叶，调节好植株营养生长和生殖生长的关系，使之达到平衡。一般采用双干或单干整枝法。在门茄开花前及时整枝打叉，保留主茎和 1 ～ 2 个侧枝，其余侧枝均抹去，并摘除老叶和病叶，及时摘心，保证营养集中流向果实，提高果实品质。

⑤ 保花保果。日光温室秋冬茬茄子结果期正值寒冷冬季，为防止因夜间室温过低导致授粉受精不良，从而造成落花落果，可选用 2.5% 防落素 1 000 倍液蘸花或者涂抹花柄。

3. 塑料大棚秋延后茄子栽培

（1）品种选择 大棚秋延后茄子栽培，播种至坐果初期处于夏秋高温季节，而持续结果盛期，却处于秋冬的低温寒冷期。因此，要求该茬品种选择苗期耐热性较强；结果期耐低温和弱光，并且能够在低温弱光条件下，正常坐果，连续坐果率高，畸形果少；易贮藏，抗病能力强的茄子品种。

（2）培育壮苗

① 播种期的确定。秋延后栽培茄子播种期一般在 6 月上旬，过早播种，开花盛期正值高温季节，病虫害严重，而且秧苗徒长导致入冬后生长受抑制，将影响茄子产量；过迟播种，后期遇到寒潮，生长期不足导致茄子减产。

② 苗床准备与播种。该茬口播种方式与苗床准备与日光温室秋冬茬相似，主要采用 72 孔穴盘育苗。

③ 苗期管理。茄子播种后可将遮阳网直接覆盖在苗床上，待

幼苗出土后在畦上再插小拱架，上面覆盖遮阳网或纱网以防太阳暴晒。若在塑料大棚内进行育苗，则可将遮阳网直接覆盖在棚膜表面，并用压膜线固定，通风效果较采用小拱棚覆盖要好。夏季育苗时蚜虫发生严重，极易引起病毒病的传播，育苗时还应在苗床上搭设防虫网覆盖，以防苗期即感染病虫害，具体培育壮苗管理模式可以参考日光温室秋冬茬苗期管理。

（3）定植　定植期一般在 8 月上中旬，选择阴凉天气定植于大棚内。定植前要浇透底水，以促进缓苗。定植后应立即用遮阳网等覆盖，缓苗后揭去遮阳网，在畦面上覆盖稻草以降温保湿。每天下午浇 1 次水，保证茄苗不因高温而失水。秋延后栽培，由于后期气温逐渐降低，植株长势逐渐放缓，可以适当密植以提高后期产量，一般每亩定植 2 500 株左右。

（4）田间管理

① 水肥管理。定植后正值高温多雨季节，要特别注意雨后的排涝，防止雨水过多造成烂根。植株活棵后及时中耕松土、保墒、蹲苗，促进茄子根系的发育。进入 9 月中旬后，植株开花结果旺盛，要及时补充肥料，一般在坐果后开始追肥，每亩追施尿素 10 ～ 13 千克、硫酸钾 5 ～ 8 千克、磷酸二铵 8 ～ 10 千克，追施 2 ～ 3 次，后期根据植株长势和坐果情况，适当追施钾肥、钙肥等。每次浇水施肥后都要放风排湿。通常在后期外界气温降低后，尽量不再浇水施肥，防止植株发生冻害。

② 温度管理。随着外界气温的降低，要适时加扣小拱棚保温。华北地区一般在 9 月初扣小拱棚，长江中下游地区一般于秋分过后尽早扣棚。扣棚初期应昼夜通风，防止高温高湿对植株造成伤害。当外界气温降到 15 ℃时，夜间应关闭风口，以防寒保温。寒露至霜降期间，在天气正常，白天气温较高时，要揭膜通风降温，此时大

棚草帘也应安装好，可以随时覆盖，以防夜晚出现霜冻。寒流较强时，晚上要放下草帘保温。结果期外界气温逐渐降低，应加强温度控制，棚内温度应控制在白天 22 ～ 28 ℃、夜晚 13 ～ 18 ℃，使昼夜温差保持在 10 ℃左右，有利于果实生长。

③ 植株调整。进入 9 月中旬，植株封行后，适当整枝修叶，低温时期适当加强修叶，通常将门茄以下的侧枝全部摘除，一般不整枝。门茄采收后，转入盛果期，此时植株生长旺盛，结果数增加，要及时吊蔓（插竿），防止植株倒伏。

（5）采收 茄子果实达到商品标准时，要及时采收上市。采收茄子可延迟至 12 月初。最后一次采收茄子可适当延长，此时气温较低，可保留 7 ～ 10 天推迟上市，以增加效益。严冬季节到来前收获完毕。

4. 塑料大棚春提早茄子栽培

（1）品种选择 茄子的大棚春提早促成栽培，是利用大棚内套小拱棚加地膜设施，达到提早定植、提早上市的目的，效益较好，是目前长江中下游地区设施栽培茄子最主要的栽培模式。该茬口要求品种早熟，株型中等大小，适合密植，可适当增加种植密度；在低温和弱光条件下，能够保持较强的坐果能力，不产生畸形果，果形端正，着色好。

（2）培育壮苗

① 播种时期的确定。春提早栽培茄子一般在 12 月上旬至翌年 1 月上旬都可以播种育苗，具体播种时间要根据不同的育苗方式确定，翌年 2 月下旬或 3 月上旬定植，4 月中下旬即可开始采收。

② 苗床准备与播种。春提早栽培茄子一般采用酿热或电热温床育苗，酿热温床的酿热物平均厚度不小于 30 厘米；电热温床可在 5 ～ 8 厘米深处，按 100 瓦 / 米 ^{2} 功率布埋电热线。

③ 苗期管理。播种后，苗床上架拱棚，覆盖薄膜或草帘保温，温度保持白天 27 ～ 30 ℃、夜间 18 ～ 22 ℃。苗齐后白天保持在 22 ～ 25 ℃，夜间控制在 15 ～ 18 ℃。温度不能过高，否则容易在花芽分化时造成中短柱花多，花易脱落，影响前期产量。晴天的中午，若温度高于 28 ℃，应揭开小拱棚适当通风，避免高温高湿，引起茄苗徒长。定植前 7 ～ 10 天炼苗，温度保持在白天 22 ℃左右、夜间 12 ℃左右。茄苗 3 ～ 4 片真叶后，出现叶黄、长势差、植株矮小等情况，可根据具体情况追施一定量叶面肥或腐熟人粪尿；如秧苗长势过旺，可用 250 ～ 500 毫克 / 千克的矮壮素喷洒叶面。在苗龄 60 ～ 70 天、具有 7 ～ 8 片真叶时，即可定植。

（3）定植　一般来说，大棚内的定植时间为 2 月下旬，当苗长到 7 ～ 8 片真叶时即可定植。大棚春提早茄子栽培的关键是提高早期产量，而提高早期产量的关键是增加种植密度，增加第一、二层果的数量。定植密度与茄子品种及整枝方式有关。一般早熟品种采取单干整枝的，适宜株行距为 20 厘米 ×60 厘米，每亩栽苗 5 000 株左右；采取双干和三干整枝的，适宜株行距为 40 ～ 50 厘米 ×60 厘米，每亩栽苗 2 500 ～ 3 000 株。如果选用中熟品种，密度一般比早熟品种减少 15% ～ 20%。定植宜选择在晴暖天气的上午进行，如果是下午定植，为防止地温下降，可在第二天上午浇水。定植时棚温应高于育苗棚温度，至少不应低于育苗温度，否则缓苗慢，影响成活。定植后用土将穴口盖严，然后通过膜下暗灌浇足定根水。

（4）定植后管理

① 温度管理。定植后要闭棚保温，并根据天气情况搭设小拱棚，促进缓苗。缓苗后白天超过 30 ℃时需要通风，降到 20 ℃时关闭通风口，夜间温度最好保持在 15 ℃以上。特别要注意倒春寒的

发生，室外温度过低时要注意棚内的保温，及时加盖草帘。茄子进入开花结果期后，要注意保持棚内温度和湿度的稳定。茄子果实发育的最适宜温度白天在 25 ～ 28 ℃，夜晚在 18 ～ 20 ℃，不能过高或过低，在 38 ℃以上的高温或者 15 ℃以下的低温时，花粉粒萌发受阻，不能受精而落花，即使结实也发育成单性结实果，造成畸形果。

② 水肥管理。春提早茄子早期产量的构成主要是单果重和结果数，开花多，结果率高，是保证前期产量的关键。因此，合理的水肥管理是早春茄子取得丰产的关键因素。通常定根水浇透后，一般在门茄开花前都不需要浇水。在门茄开始“瞪眼”后进行浇水追肥，以促进门茄膨大，一般每亩施尿素 10 ～ 15 千克或复合肥 20 千克，可以进行开穴施用，也可以结合浇水随水冲施。

③ 植株调整。为争取棚室内茄子早熟，可采用单干整枝方法，即每株茄子只留 1 个主枝，在门茄以上留 2 个果实，侧枝留 2 ～ 3 片叶后摘心。春提早栽培茄子也可以采用双干整枝的方法。

（5）采收 一般在定植后 40 ～ 50 天即可采收上市，门茄应适当早采收，以免影响植株生长，对茄达到商品成熟时要及时采收。采收时一般在早晨进行，茄子果实在早晨光泽度最好且饱满，用剪刀沿果柄根部剪下，装入采收袋或采收篮中，采收过程中应尽量避免机械损伤。

5. 观赏茄盆栽技术

（1）品种选择 目前市面上较为流行的观赏茄品种为乳茄、白蛋茄、五角茄、香瓜茄等。可根据个人喜好进行选择（图 3-23）。

（2）栽培容器和基质选择 栽培容器选择空间较大。家庭栽植，可以选择外形美观兼具艺术价值的陶盆，也可以使用价格低廉

图 3-23　盆栽茄子

的瓦盆或塑料盆。大量栽种，宜选择塑料盆，价格低而且质地轻，搬运方便，可重复利用。容器深度在 15 厘米以上，直径在 20 厘米以上为好。基质则可选用商业栽培基质进行栽种。

（3）播种育苗　观赏茄种子同普通食用茄种子差不多，播种前用 30 ℃左右温水浸种 24 小时。然后将盛有基质的花盆浇足水，播入种子，点播、撒播均可，播后覆土 1 厘米，此后保持盆土湿润。盆栽量大时，也可用穴盘育苗。温度白天保持在 25 ～ 30 ℃，夜间不低于 15 ℃。40 天左右，当幼苗长到 6 ～ 7 片叶时，即可定植在花盆内。

（4）上盆　苗龄 40 天左右即可上盆。盆土也可选用菜园土或水稻土。苗要深栽，以利于茎部生长的不定根充分吸收水肥。选择健壮、株矮、形美的幼苗，移入透水透气性较好、较为美观的花盆中。上盆时，碎瓦片盖住盆底孔眼的一半，再用另一碎瓦片斜盖其上，然后在盆底垫上一些碎石，其上垫一些粗粒泥土，最后填入营养土。取幼苗时不可用手拔苗以免伤根，要用尖头小铁锹起苗，尽量少伤根。栽植时，将幼苗栽于盆的中央，扶正并在四周填入营养土，当营养土加至一半时，将幼苗向上轻轻提一下，使根系舒展，再用手压紧盆土，继续填土至距盆口 2 ～ 3 厘米。栽植后浇足定根水，放置于阴凉处 3 ～ 5 天，以提高成活率。

（5）整枝修型　观赏茄茎较软，盆栽香瓜茄要特别注意搭架、整形。一般每盆要用 4 根长 60 厘米左右的小竹竿插入盆的四周（入土 10 厘米），上部用铁丝做成圆形、方形或椭圆形，与盆口大小相当，用绳索或细铁丝扎牢，再将茎捆绑在支架上，茎要直立，松紧适度。每个花序上只宜保留 4 ～ 6 朵健壮的花；待果实长到豆粒大小时定果。每个侧枝保留 2 ～ 4 个果实。花果分布要均匀，大小要一致，果形要美观，以提高其观赏性。

（六）病虫害防治

1. 低温障碍

（1）症状　茄子如果播种过早或反季节栽培时气温过低，而又未采取相应的保温措施，就极易造成茄子的低温冷害，导致叶绿素较少或在近叶柄处产生黄色花斑。病株生长缓慢，叶缘与叶尖出现水浸状斑块，叶组织变为褐色，甚至萎蔫枯死。果实一般不膨大，或失水皱缩，失去光泽等。低温还影响茄子对钙磷钾等营养元素的吸收，使叶片黄化加剧。

（2）防治方法　根据当地的气候特点选用耐低温的品种。适时播种，定植前应加强低温炼苗、蹲苗。在生产过程中，如遇到寒流应及时加盖保温材料，加强保温。在长期低温环境下，也可用 500 ～ 1 000 毫克 / 千克的氯化胆碱喷洒茄子叶面，保护处于低温胁迫下的茄子植株的细胞膜系结构和提高其防冷性物质含量，从而增强植株的抗低温性能。

2. 僵果

（1）症状　保护地栽培中，茄子根系发育缓慢，吸水范围窄，或茄子开花前后遇 17 ℃以下低温或 35 ℃以上高温，形成不稳定花粉，花粉管伸长不良，授粉不完全，形成的种子量很少，子房内的生长素含量低，细胞生长不良，果实不大，形成小僵果。使用激素处理花朵坐果时，如果浓度低，加之受环境条件不良影响，激素的活性不能有效地发挥作用，僵果的发生率就高。有时开花正常，但在发育阶段，营养不足，土壤干燥，氨态氮肥施用过多，弱光照等条件，都易形成僵果，越冬栽培茄子也易形成僵果。

（2）防治方法　育苗期保持适宜的温度，白天 26 ～ 30 ℃、夜间 17 ℃左右。白天要及时通风换气，防止高温引起僵茄发生。采用配方施肥技术，少施氨态氮肥，多喷施一些营养调节剂。使用番茄灵进行蘸花处理时，注意使用浓度要根据气温而定。

3. 裂果

（1）症状　裂果就是果面开裂，果实各个部位均可开裂，裂口大小、深浅不一。茄子裂果产生原因很多。茄子果蒂下出现的纵裂，主要是因供水不均匀造成的。茄子生长进入高温期，白天高温、干燥，在傍晚灌水的情况下，就易产生裂果；尤其是在较长时间干旱的情况下，突降暴雨或灌大水，更易产生裂果。果实底部开裂、花芽分化时温度低会造成裂果；激素处理果实不当，如浓度过高，或中午高温时使用，或反复使用也会导致裂果。

（2）防治方法　要做到适时播种，做好苗床温度管理，促进花芽正常分化。适时、精细定植，做好田间水肥管理，注意提高地温和土壤通透性，促进植株根系发育，提高吸水能力。均匀灌水，不要过度控水，切忌土壤过干后灌大水。使用激素处理果实时，注意浓度不能过高，不能反复使用，也不要在中午高温时使用。

4. 畸形花

（1）症状　畸形花多见有 2 种现象：一种是“带化”现象，即花雌蕊排列成带状或扁柱状，另一种现象是花有 2 ～ 4 个雌蕊，具有多个柱头，以上 2 种情况都会结出畸形茄子（图 3–24）。还有一种就是短柱花，因为短柱花不能授粉结实，即使通过激素处理勉强结实，也常形成小果或畸形果。当第一花序上的花芽分化时夜温低于 15 ℃，容易产生畸形花；营养过剩或供给不均衡或光照强烈也会产生畸形花。

图 3-24　畸形果

（2）防治措施　调控温度，在花芽分化时期，白天温度应控制在 24 ～ 25 ℃，夜间在 15 ～ 17 ℃，同时保证空气相对湿度适中和充足的光照，土壤不要过湿或过干。科学施肥，抑制徒长，在保证氮肥充足的情况下，也应保证磷钾肥和其他微量元素肥的供给。发现畸形花及时摘除。不要用激素处理勉强坐果。

5. 黄萎病

（1）症状　多在门茄坐果后开始发生，由下而上或从一侧向全株发展，俗称“半边疯”。植株半边下部叶片近叶柄的叶缘部及叶脉间发黄，渐渐发展为半边叶或整叶变黄，叶缘稍向上卷曲，有时病斑仅限于半边叶片，引起叶片扭曲。症状由下向上逐渐发展，严重时全株叶片脱落，多数为全株发病，少数仍有部分无病健枝（图 3–25）。病株矮小，株型不舒展。果小，长形果有时弯曲。纵切根茎部，可见到木质部维管束呈褐色或棕褐色。

图 3–25　茄子黄萎病

（2）防治方法　选用抗病品种，实行轮作倒茬，增施腐熟有机肥料和钾、磷、硼、钙等多种营养元素。可选用 80% 多菌灵可湿性粉剂 1 000 倍液或 70% 甲基硫菌灵可湿性粉剂 1 200 倍液与富含生根壮苗因子、暖地因子、游离氨基酸、硝态氮、有机氮和钙等营养元素的 18.5% 正根水溶肥料 1 000 倍液混合进行防治。

在发病初期及时喷施50%氯溴异氰尿酸可湿性粉剂750倍液+20%松脂酸铜水剂1 500倍液，或喷施30%甲霜·噁霉灵水剂600倍液+80%乙蒜素乳油3 000倍液。

6. 青枯病

（1）症状 茄子青枯病属于局部侵染，全株发病的病害。发病初期个别枝条的叶片或其中一张叶片的局部呈现萎垂，后逐渐扩展到整株枝条上，外观呈萎蔫状尤为明显，初期夜间能恢复，但随着病害加深，不再能恢复，最终枯死。将茎部皮层剥开，木质部呈褐色。这种变色从根颈部起一直可以延伸到上面枝条的木质部。枝条里面的髓部大多腐烂空心。用手挤压病茎的横切面，有乳白色的黏液渗出。青枯病病原细菌主要随病株残体遗留在土中越冬，通过雨水或灌溉水传播，从根部或茎基部的伤口浸入。病原菌在10～40℃均可生长，最适温度为30～35℃，特别是久雨或大雨后突然转晴温度升高时发病最重。

（2）防治方法 选用抗病品种是目前减轻和抑制青枯病的最有效办法。推广深沟高畦栽培，地膜覆盖栽培，运用滴灌等新型栽培模式，能有效预防病害发生。有条件地区可利用夏季高温空闲时间，深翻土壤，灌水闷棚杀菌。

在发病初期及时喷药防治，药剂选用72%硫酸链霉素可溶粉剂3 000～4 000倍液，或50%代森锌1 000倍液，或20%噻菌铜悬浮剂600倍液进行灌根，每株灌药200～300毫升，每7～10天灌1次，连续灌2～3次。

7. 褐纹病

（1）症状 褐纹病是茄子独有的病害，在全国各产地均有发生，对茄子生产危害极大。幼苗受害，多在茎基部出现近菱形的水渍状斑，后变成黑褐色凹陷斑，环绕茎部扩展，导致幼苗猝倒。严重的茎枝皮层脱落，造成枝条或全株枯死。果实受害，长形茄果多在中腰部或近顶部开始发病，病斑椭圆形至不规则形，大斑，斑中部下陷，边缘隆起，形成明显轮纹，其上也密生小黑粒，病果易落地变软腐，挂留枝上易失水干腐成僵果。

（2）防治方法　轮作倒茬，苗床需要每年更换新土，实行3年以上轮作。选用抗病品种，一般长茄比圆茄抗病，青茄、白茄比紫茄抗病。苗期定植后，在茎基部周围地面上撒草木灰或熟石灰，以减轻茎基部侵染。

在发病初期采用64%金雷可湿性粉剂600倍液，或70%代森锌可湿性粉剂400～500倍液，或50%克菌丹可湿性粉剂500倍液，喷雾防治，每隔5～7天喷1次。

8. 绵疫病

（1）症状　茄子绵疫病俗称烂茄子，在全国各产地均有发生，露地和保护地栽培茄子均可发病。主要危害果实，近地面果实最先发病，最初为水渍状近圆形褐色病斑，后可扩大至整个果实（图3-26）。空气相对湿度大时，病部表面长出白色棉絮状菌丝，病果易脱落。叶、花等部位感病，出现水渍状、暗绿色或紫褐色病斑。

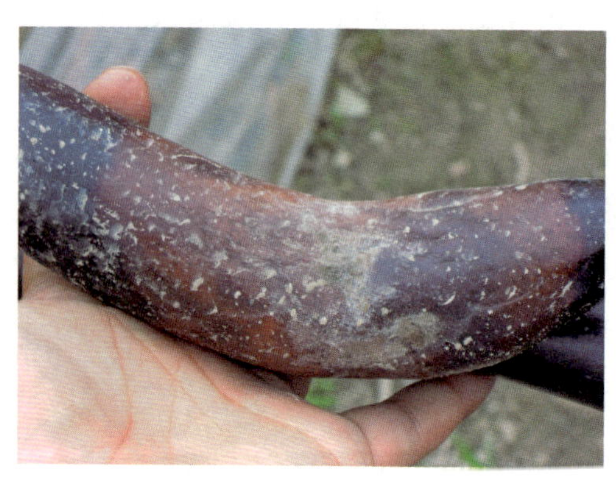

图3-26　茄子绵疫病

（2）防治方法　选用抗病品种，一般长茄比圆茄抗病，青茄强于紫茄。选择3年内未种植茄果类蔬菜、排灌方便、地势较高的地块种植，秋冬季闲棚时应深翻土壤，施足优质充分腐熟的有机肥料，采用深沟高畦栽培。

定植缓苗后用70%代森锌可湿性粉剂500倍液喷洒防治，在雨季特别要注意防病，每5～7天喷药1次。发病初期要及时拔除病株并带出棚外烧毁，并用75%百菌清可湿性粉剂600倍液，或64%金雷可湿性粉剂500倍液，或72%锰锌·霜脲可湿性粉剂600倍液喷洒，每7～10天1次，连喷3～4次。

9. 白粉病

（1）症状 茄子白粉病是保护地栽培茄子经常发生的病害，特别是中后期。主要危害叶片，其次是叶柄和茎。发病初期在叶面出现不规则褪绿小黄斑，叶背出现不规则小霉斑，其后向四周扩展成连片的白粉状。随着病情的加重，整个叶片布满白粉，叶片逐渐变黄，最后干枯脱落。茄子白粉病菌主要以分生孢子依靠气流在植株间辗转传播，在温室中可周年发生，无明显的越冬现象。白粉病在10～25℃均可发生，高温高湿、植株过密的环境下发病明显。

茄子白粉病病原菌为寄生菌，在营养生长阶段菌丝都藏在叶片组织中，等到产生繁殖体的时候，才伸出叶面。故在发病早期难以发现，而一旦发现，再用药防治就比较困难。因此，防治中一定要突出一个“早”字，以预防为主，采取综合防治措施来控制该病的发生和流行。

（2）防治方法 合理安排茬口，实行1～2年的轮作，并深耕晒垡，促进病菌死亡。保护地内注意适当降低空气相对湿度，尽量避免忽干忽湿，以抑制病害的发生。田间发现病株及病叶应及早清除，集中深埋或烧毁。收获后及时清除植株残体，以断绝循环侵染途径。

本着预防为主、能早治不晚治的原则，选择适当的农药与其他病害一起适时进行防治。最好在进入结果期时，喷施一些保护性的杀菌剂，如 50% 硫黄悬浮剂 500 倍液、75% 百菌清可湿性粉剂 500 倍液、70% 代森锰锌可湿性粉剂 800 倍液，每 7 ～ 10 天喷 1 次，连喷 2 次。发病初期，田间出现病叶时，必须使用具有内吸性的杀菌剂，可用 70% 甲基硫菌灵（甲基托布津）可湿性粉剂 1 000 倍液、15% 三唑酮 1 000 ～ 1 500 倍液、40% 百菌清悬乳剂 800 ～ 1 000 倍液等进行喷雾防治。

10. 猝倒病

（1）症状 幼苗出土后染病，初期在幼茎基部出现暗绿色水浸状病斑，很快发展绕茎一周，病部组织腐烂凹陷，幼苗尚未枯萎就倒伏，呈猝倒状，然后萎蔫失水，严重时秧苗成片猝倒死亡。病情指数高的苗床，常常在幼苗出土前就已侵染感病，引起烂种、烂芽等。在高湿时，寄主残体表面以及周围土会长出一层白色棉絮状菌丝体。

（2）防治方法 采取加强苗床管理为主、药剂防治为辅的策略。苗床应选择地势高燥、排水良好、背风向阳、土质肥沃、土壤结构好的无病田块，蔬菜园土或风化河泥作床土。用 8 ～ 10 克 50% 福美双与细土混配成药土。发现病株及时拔除，撒上干细土或草木灰防止病情扩散。

幼苗发病初期可用 64% 的金雷可湿性粉剂 500 倍液，或 50% 多菌灵可湿性粉剂 500 倍液，或 50% 代森锌 600 倍液，或 75% 百菌清可湿性粉剂 600 倍液，喷雾防治，每隔 7 ～ 10 天 1 次，防治 2 ～ 3 次。

11. 菌核病

（1）症状 菌核病在茄子整个生长期都可发病，成株更易发生，发病时整个成株各部位都有感病。通常先从主茎基部或侧枝5～20厘米处开始，初期呈淡褐色水浸状病斑，稍凹陷，渐变灰白色，湿度大时会长出白色絮状菌丝，皮层霉烂，在病茎表面及髓部形成黑色菌核，干燥后髓空，病部表皮易破裂，纤维呈麻状外露，致植株枯死。叶片受害也先呈水浸状，后变为褐色圆斑，有时具轮纹，病部长出白色菌丝，干燥后斑面易破。花蕾及花受害，表现为水浸状湿腐，最终脱落。果柄受害致果实脱落。果实受害端部或向阳面开始表现为水浸状斑，后变褐腐，稍凹陷，斑面长出白色菌丝体，后形成菌核。

（2）防治方法 培育壮苗，采用高畦或地膜覆盖来阻止病菌出土，加强管理，以降湿、保温来净化生长环境，最大限度地防止发生菌核病。每亩土地用50%多菌灵可湿性粉剂4～5千克进行土壤消毒，可减少初侵染源。

发病初期用25%嘧菌酯悬浮液1 000～1 500倍液，或75%的百菌清可湿性粉剂700倍液，或50%腐霉利可湿性粉剂1 500倍液，或25%菌威1 500～2 000倍液，病情严重时，除正常喷雾外，还可把上述杀菌剂兑成50倍液，涂抹茎蔓病部，不仅控制扩展，还有治疗作用。

12. 病毒病

（1）症状 茄子病毒病近年来发生较重，以保护地最为常见。其症状类型复杂，常见的有花叶坏死型、花叶斑驳型等。上部新叶呈黄绿相间的斑驳，发病重时叶片皱缩，叶面有疮斑。叶面有时有紫褐色坏死斑，叶背表现更明显。病株结果性能差，多成畸形果。病毒主要依靠接触摩擦传毒和靠蚜虫传毒。高温干旱的天气和蚜虫发生量大、管理粗放、田间杂草丛生时，较多发病。

（2）防治方法　种子消毒，建立无病留种田，选用不带病毒的种子。防治蚜虫，在温室、大棚内或露地畦间悬挂或铺银灰色塑料薄膜，盖尼龙纱网，可有效地驱避菜蚜，必要时喷药杀蚜，以减少传毒媒介。

药剂防治可用 25% 多菌灵可湿性粉剂 500 倍液，或 0.5% 抗毒剂 1 号水剂 300 倍液，或 20% 病毒净 500 倍液，或 20% 病毒克星 500 倍液，或 5% 菌毒清水剂 500 液进行喷雾，每隔 5 ～ 7 天喷 1 次，连续 2 ～ 3 次。

13. 灰霉病

（1）症状　茄子灰霉病多在保护地内发生，且有日趋严重的趋势。通常发生于成株期，花、叶片、茎枝和果实均可受害，尤其以门茄和对茄受害最重。在幼果顶部及其附近产生水浸状褐色病斑，扩大后呈暗褐色，凹陷腐烂，表面产生不规则轮纹状的很厚的灰色霉层，失去食用价值。严重时，叶片也能发病。发病后期，条件适宜时，病斑连片，致使整个叶片干枯。

（2）防治方法　采用高畦栽培，覆盖地膜，以降低温室大棚及大田湿度，阻挡土壤中病菌向地上部传播，当灰霉病零星发生时，立即摘除病果、病叶，带出田外或温室大棚外集中做深埋处理。

花期用药可结合使用防落素等激素蘸花保果操作，在配制好的植物生长调节剂溶液中按 0.1% 的比例加入 50% 腐霉利可湿性粉剂，或 50% 扑海因可湿性粉剂。发病初期，可以使用腐霉利烟剂进行防治，也可用 50% 腐霉利可湿性粉剂 1 500 倍液、50% 的乙烯菌核利可湿性粉剂 1 000 倍液、50% 的异菌脲可湿粉剂 1 500 倍液进行喷雾防治。

14. 枯萎病

（1）症状 茄子枯萎病主要危害根茎部。苗期和成株期均可发生。苗期染病，开始子叶发黄，后逐渐萎垂干枯，茎基部变褐腐烂，易造成猝倒状枯死。成株期根茎染病，开始时植株叶片中午呈萎蔫下垂，早晚又恢复正常，叶色变淡，似缺水状，反复数天后，逐渐遍及整株叶片萎蔫下垂，叶片不再复原，引起萎蔫，最后全株枯死（图 3–27）。横剖病茎，病部维管束呈褐色。此病症状与黄萎病极为相似，需做病原检测才能区分。

图 3–27 茄子枯萎病

（2）防治方法 利用嫁接育苗可有效防止枯萎病。

发病初期可用 50% 多菌灵可湿性粉剂 500 倍液，或 50% 苯菌灵可湿性粉剂 1 000 倍液，或 20% 甲基立枯磷乳油 1 000 倍液，或 5% 菌毒清水剂 400 倍液，或 15% 噁霉灵水剂 1 000 倍液灌根，每株 200 毫升。

15 . 炭疽病

（1）症状 茄子炭疽病各地均有发生，一般不严重。该病主要危害果实，以近成熟和成熟果实发病为多。果实发病，初时在果实表面产生近圆形、椭圆形或不规则形，黑褐色、稍凹陷的病斑。病斑不断扩大或病斑汇合，可形成大型病斑，有时扩及半个果实。后期病部表面密生黑色小点，潮湿时溢出红色黏质物。病部皮下的果肉呈褐色，干腐状，严重时可导致整个果实腐烂。

（2）防治方法 使用无病种子。发病地与非茄科蔬菜进行2～3年轮作。培育壮苗，适时定植，避免植株定植过密。合理施肥，避免偏施氮肥，增施磷钾肥。适时适量灌水，雨后及时排水。

发病初期用70%的甲基硫菌灵可湿性粉剂800倍液、68.75%的唑菌酮·锰锌水分散剂1 000倍液、65%的多抗霉素（多氧霉素）可湿性粉剂700倍液、25%的咪鲜胺乳油1 500倍液、80%的代森锰锌可湿性粉剂600～1 000倍液等药剂喷雾防治。

16. 根结线虫

（1）症状 我国北方的砂土地比南方的黏土地发病严重，在同一地区也有部分地块发病严重的现象；一般发病地块可减产20%左右，发病严重的地块减产50%以上。该病主要危害根部，以侧根和支根最易受害。侧根受害后布满根瘤，形似天冬根或近球形瘤状物，地上部表现萎缩或黄化，天气干燥易萎蔫或枯萎。病株生长衰弱、矮小、黄化，状似水分不足引起，不结实或结实不良。早晚气温较低或浇水充足，暂时萎蔫的植株可恢复正常，随着病情发展，萎蔫不能恢复，直到植株枯死。把瘤状物剖开，可见组织中有乳白色细小梨状雌虫（图3–28）。

图3–28 茄子根结线虫

（2）防治方法 尽可能实行水旱轮作，重病地与抗线虫蔬菜石刁柏或耐线虫蔬菜葱蒜类等轮作，也可与非寄主禾本科作物轮作，以减轻危害。选用抗根结线虫品种也是有效防止病害发生的措施。有条件的地区可采用棚室高温消毒（覆盖地膜和密闭大棚等），使20厘米土层温度达60℃保持30分钟即可起到灭虫的效果。利用抗线虫的砧木，进行嫁接育苗，可有效防止根结线虫的发生。

17. 白粉虱（烟粉虱）

（1）危害症状 成虫和若虫吸食植物汁液，被害叶片褪绿、变黄、萎蔫，甚至全株枯死。此外，由于其繁殖力强，繁殖速度快，种群数量庞大，群聚危害，并分泌大量蜜液，严重污染叶片和果实，往往引起煤污病的大发生，使茄子失去商品价值。株上部嫩叶上以成虫和黄色卵最多，再下部叶片幼虫较多，最下部叶片以虫蛹为多，虫态分布较有规律（图3–29）。

图3–29　白粉虱

（2）防治方法 采用天敌防治，可以在棚室内放养丽蚜小蜂进行防治；保护地内茄子植株上每株成虫在0.5头以下时，每隔2周释放1次人工繁殖的丽蚜小蜂，连放3次，可有效地控制白粉虱的危害。设置防虫网，可以阻止粉虱飞入，大棚应设置40目的防虫网，夏季育苗小拱棚也可以加盖防虫网。田间发病要及时摘除带虫老叶，并带出棚外销毁。利用成虫对黄色有较强的趋性，可用黄板诱捕成虫并涂以粘虫胶杀死成虫，但该方法只能杀成虫不能杀卵，易复发。

药物防治可用25%扑虱灵可湿性粉剂2 500倍液，或2.5%溴氰菊酯乳油2 000～3 000倍液，或40%菊杀乳油2 500倍液等，重点喷植株中上部叶背。使用药剂防治时应注意由于白粉虱世代重叠，同一作物上存在各种虫态，必须连续几次用药才能收到较好的效果。因粉虱极易产生抗药性，故防治药剂须交替使用，避免产生抗药性。采取晚上用15%异丙威等烟剂熏棚，杀虫不留死角，效果较好。实际生产中，喷药、烟熏和黄板综合使用可起到较好的防治效果。

18. 潜叶蝇

（1）危害特点　幼虫以蛀食叶片上下表皮间的叶肉细胞为主，造成曲曲弯弯的隧道，隧道相互交叉，逐渐连成一片，导致叶片光合能力锐减，过早脱落或枯死。成虫的取食和产卵孔也造成一定危害，影响光合作用和营养物质的输导，同时传播病毒。

（2）防治方法　早春和秋季种植前，彻底清除菜田内外杂草、残株、败叶，并集中烧毁，减少虫源。在害虫发生高峰时，摘除带虫叶片销毁。根据斑潜蝇的趋黄性，在田间插立或在植株顶部悬挂黄色诱虫板，进行诱杀。

潜叶蝇产卵期短，高龄幼虫的耐药性强，提倡在成虫高峰期、产卵盛期或初龄幼虫高峰期进行农药防治。一般喷施75%灭蝇胺（潜克）可湿性粉剂5 000～7 000倍液、1.8%阿维菌素3 000～5 000倍液，或25%的噻虫嗪（阿克泰）水分散粒剂3 000倍加2.5%的高效氯氟氰菊酯（功夫）水剂1 500倍液进行混合喷施。

图3-30　红蜘蛛

19. 红蜘蛛（螨虫）

（1）危害特点　以成虫和若虫群集叶背吸食汁液，叶面出现黄白色小点（图3-30），严重时致叶片变黄焦枯，呈锈色状如火烧，叶片早衰、易脱落。茄子保护地栽培比露地栽培受害重。

（2）防治方法　加强田间管理，培育壮苗壮秧，适当增加通风透光量，防止徒长、疯长，有效降低田间空气相对湿度，从生态上打破红蜘蛛（螨虫）发生的气候规律，减轻危害程度。清除田间、地边杂草及残枝落叶，减少虫源基数。

在红蜘蛛发生初期可选用20%双甲脒乳油1 500～2 000倍液，或75%克螨特乳油1 000～1 500倍液，或25%灭螨猛可湿粉1 000～1 500倍液，或45%超微硫黄胶悬剂400倍液，或20%复方浏阳霉素乳油1 000倍液，或15%速螨酮（哒螨酮）乳油3 000倍液，或20%阿波罗（四螨嗪）悬浮剂1 500～2 000倍液，或5%唑螨酯（霸螨灵）悬浮剂1 500～2 000倍液，或25%倍乐霸（三唑锡）可湿粉1 000倍液。交替喷施2～3次，隔7～10天1次。

20. 二十八星瓢虫

（1）危害特点　以成虫和幼虫危害叶片为主，还危害果实、嫩茎、花瓣、萼片等。被害植株不仅产量下降，而且果实变苦，产品食用品质显著降低。危害严重时把植株叶片吃光，仅剩叶脉，造成植株枯萎死亡。

（2）防治方法　利用越冬成虫不活动的特性，可在冬季或者早春进行捕杀。在成虫发生期间，利用其有假死性的习性，进行药水盆捕杀，中午进行效果较好。也可以进行人工摘除叶片上的卵块。

在幼虫孵化期或低龄幼虫期抓住时机适时用药，防治效果较好。可用2.5%溴氰菊酯3 000倍液，或20%甲氰菊酯乳油1 200倍液，或50%辛硫磷乳油1 000倍液喷雾，注意重点喷叶背面。

21. 蚜虫

（1）危害特点　危害茄子的蚜虫主要是瓜蚜，俗称“腻虫”，蚜虫危害茄子时，聚集在茄子叶背、花梗或嫩茎上，吸食植物汁液，并分泌蜜露。叶片发生虫害后，植株叶片发黄，叶面逐渐皱缩卷曲。嫩茎、花梗受危害后，逐渐弯曲变成畸形，影响开花授粉。严重危害后植株不开花，无法结实，并导致植株生长受阻，甚至枯萎死亡。蚜虫不仅会影响植株生长和开花结实，还会传播多种病毒病，造成病害的扩展蔓延。

（2）防治方法　蚜虫刺吸植株汁液会对茄子植株造成直接危害，还会成为传播病毒的媒介，因此，应该加强蚜虫的防治，以预防病毒病。棚室周围的杂草要及时清除，需要经常检查作物上是否存在蚜虫，在发作初期做好防治工作。可铺设银灰膜以驱避蚜虫，并设置蓝板、黄板进行诱蚜。

药物防治可用22%噻虫·高氯氟的微囊悬浮剂1 500倍液、2.5%的高效氯氟氰菊酯（功夫）水剂1 500倍液、25%噻虫嗪（阿克泰）的水分散粒剂3 000倍液、1%的印楝素水剂800倍液、10%的吡虫啉可湿性粉剂1 000倍液进行喷施。

22. 地下害虫

（1）危害特征　危害茄子的主要地下害虫有地老虎和蝼蛄，均为多食性作物害虫。成虫和若虫都在土中咬食种子、幼芽或根茎，被咬的部分呈乱麻状，幼苗倒地或凋萎死亡。苗床或田间可见到许多隆起弯曲的隧道。保护地茄子，由于温度高，定植早，小苗集中，危害尤其严重。

（2）防治方法　保持田园整洁，及时铲除菜地及地边、田埂和路边的杂草。实行秋耕冬灌、春耕耙地、结合整地人工铲埂等，可杀灭虫卵、幼虫和蛹。在清晨，扒开刚被咬断的幼苗周围的土，人工捕杀幼虫。用糖醋液或黑光灯诱杀越冬代成虫。可采用毒谷、毒饵诱杀。麦麸、豆饼、玉米碎粒等原料5千克炒香，然后用90%敌百虫30倍液0.15千克拌匀，适量加水，拌潮为度。每亩地用1.5～2.5千克，可傍晚撒施地表蝼蛄集中处。也可用90%晶体敌百虫 800 ～ 1 000 倍液、50% 辛硫磷乳油 800 倍液、50% 杀螟硫磷乳油 1 000 ～ 2 000 倍液、2.5% 溴氰菊酯（敌杀死）乳油 3 000 倍液喷雾。

23. 蓟马

（1）危害特征 茄子黄蓟马若虫和成虫潜伏在茄子的萼片底下、植株上部嫩叶及茸毛丛中活动取食，锉吸心叶、嫩芽、幼果的汁液，使被害植株心叶不能正常展开，生长点萎缩。幼果受害后，表皮呈黄褐色斑纹或长满锈斑，果皮粗糙，茄果尾端弯曲。该虫害可直接导致茄子产量和品质下降，商品性降低。

（2）防治措施 在茄子幼苗中发现有 2 ～ 3 只黄蓟马时就要喷药防治。药剂可用 1.8% 阿维菌素乳油 5 毫升加 4.5% 高效氯氰菊酯乳油 15 毫升兑水 15 千克，或 70% 吡虫啉 3 500 倍液，或 20% 啶虫脒 300 倍液加 20% 氟啶虫酰胺 2 000 倍液混合使用。虫量较多时，隔 7 ～ 10 天再喷 1 次，连喷 2 ～ 3 次。最后一次用药要严格控制安全间隔期，一般在 7 天以上。

（七）茄子包装与贮藏

1. 茄子分级

茄子采收后需要及时根据果实的大小、形状、色泽等感官表现进行果实分级，实现优质优价。首先把畸形果、小果、伤果、老化果和病虫果挑选出来，列为次果。再把商品果根据大小、果形分为多个等级，长茄以果实长度作为规格划分的依据，圆茄以果实直径作为规格划分的依据。一般优质果的标准为果实大小适中，无损伤，果形正，色泽好。普通果的标准为果实大小适中，无明显损伤，果形较正，色泽较好。将次果剔除后，优质果与普通果分开放置。把分完等级的果实放在作业间阴凉处，降低果实体温，晾干果皮上的浮水，准备包装。

2. 茄子包装

茄子果肉较软，在采收后需要进行适当包装，包装主要有 2 个目的：一是减少水分蒸发，保持果实的新鲜度。二是便于在贮藏和运输过程中的搬运，减少因摩擦、挤压和碰撞造成的机械损伤。

本地销售的只需简单包装，以装入纸箱中为好，装入衬有旧麻袋、干草的柳编筐篓中也可以。长途运销以装入纸箱、塑料箱中为好，而装入塑料编织袋或网袋中易挤压、失水、外观受损、降低商品价值。长途运销茄子的包装，最好采用内外 2 层，内包装可以用塑料纸或塑料袋，外包装可用纸箱或塑料箱等。包装时，最好将每个果实都包一层纸，码入箱内，也可将茄子直接放入箱内铺好的塑料袋中。码放时要将大小相近的茄子按头对头、尾对尾的方式逐层码放，箱（筐）底部及四周最好垫一层稻草等松软材料，以减轻运输途中的颠簸和磕碰。冬季运输要注意覆盖棉被等进行保温。夏季运输时，外界温度高，内包装最好采用纸袋，透气性好，不易腐烂；若内包装采用塑料袋，则需用冷藏车运输。

在包装过程中需要注意以下几点：一是采用的纸箱、塑料箱或泡沫箱要有一定的机械强度，以避免茄子在运输过程中损伤。二是箱子大小要适中，避免箱子底部的茄子受到挤压，一般每箱装 10 千克左右茄子。三是箱子应内置保鲜袋，减少果实水分蒸发，箱子和保鲜袋要留有透气孔，利于散热和气体交换。四是箱子内果实应摆放整齐，使同一等级、同一规格、同一包装内的果实外观均匀一致。果实间应紧密接触，否则会在搬运过程中发生摩擦，但也不能压得太紧，否则会造成机械损伤。五是包装完成后，若暂时不运输或销售，则应及时放入低温保鲜库或阴凉的地方。

3. 贮藏保鲜

（1）入贮前准备 茄子果肉为绵软的海绵组织，是典型的不耐贮藏蔬菜作物，在贮藏过程中损耗严重，长期贮藏建议使用低温保鲜库。收贮前把带有果柄的果实竖排在衬有报纸的筐（篓）或有排气孔的纸箱、塑料箱里，头排果柄朝上，第二排以果柄朝下并插在前一排果实的空隙里，袋满后盖上包装纸。若能逐个将果实包上纸，则贮藏效果更好。影响贮藏最主要的因素是温度、湿度和气体，在贮藏过程中要注意以下几点：一是适宜的贮藏温度是 10 ～ 12 ℃。温度过低，易发生冷害，表现为果皮水渍状凹陷，失去光泽，种子和果肉褐变，果实变软；温度过高，果实呼吸旺盛，营养物质消耗快，果实易失水软化。二是适宜的空气相对湿度是 85% ～ 90%，湿度过低，果实易失水，湿度过高，果实易发生病害。三是茄子堆放方式要合理，便于空气流通，贮藏期间及时通风换气，降低二氧化碳浓度。

（2）茄子主要贮藏方式

① 地窖贮藏。茄子果实进入地窖之前，先在窖底部铺一层干沙调节内部湿度。然后在地窖中由内向外码放茄子，两行之间必须留出一定空隙以方便进出和进行管理。第一层茄子的果柄插入地下沙中，第二层茄子果柄向上，第三层茄子果柄与第二层茄子的萼片接触、避免刺伤果面，每层两侧边缘的茄子果柄向外，进行侧放。如果贮藏的是长茄，最好按头对头、尾对尾的方式进行码放。为防止茄子在窖内生热，可每隔 3 ～ 4 米竖一通风筒和测温筒，以保持窖内适宜温度。茄子码好后，在上面覆 1 层牛皮纸或旧报纸，其上再盖 1 层塑料薄膜，以保持较高的湿度，而且防止通风时直接损伤茄子果面。温度过低时，应加厚土层，堵严通风筒；温度过高时，可打开通风筒。茄子选用这样的措施来贮藏，一般情况下 1 ～ 2 个月后果实还能具有较好的营养品质和食用品质。

② 开沟贮藏。这种方法可以应用于不太寒冷的地区。找一个

位置高，排水方便的地方，沿着东西方向挖一条长度 6 米，宽度 2 米，深度 2.4 米的沟。沟的两头均留有 1 个通气孔，顶部盖 1 层稻秆，再盖 1 层 12 厘米厚的土。将茄子果柄朝下一层层堆放，果柄插在果实的缝隙里，防止刺伤果面，堆放 4 层后，在顶上盖上 1 层牛皮纸，堵住出口。温度太高时，打开气孔；温度太低时，加厚土层。这种方法可使茄子贮藏 40 ～ 50 天。

③ 通风库（冷库）贮藏。茄子采收后装在筐中，置于 12 ～ 16 ℃条件下预冷 12 ～ 24 小时，然后放在 12 ～ 13 ℃通风库中贮藏。为了控制失水，除保持库房空气相对湿度在 90% 以上，还可采用单果包装的方法，即用高密度聚乙烯袋（厚 0.01 毫米）将选好的果实放入袋内，每袋装入 1 ～ 2 千克为宜，封袋，保水效果好，同时还有一定的气调作用。措施得当，可贮藏 4 周左右，保持原有的风味和鲜度不变。

④ 气调贮藏。将要贮藏的茄子堆放在库房里，保持库房室内温度低于室外温度，再使用塑料薄膜密封，这种技术能使茄子贮藏大概 1 个月，并且维持茄子较好的商品价值和食用品质。茄子果实对二氧化碳敏感，因此要控制二氧化碳的浓度，采用低氧气和低二氧化碳的气调条件，可以降低呼吸强度和减少内源乙烯的生成，并抑制乙烯的生理作用，对控制果柄脱落，降低果实的腐烂率，保持果实原有的商品价值和感官品质有一定的效果。

⑤ 保鲜剂贮藏。涂膜保鲜剂是一项新兴的保鲜技术，涂膜具有抑制新陈代谢、防腐保鲜、延缓果实成熟衰老的作用。实际生产中，将蔗糖脂肪酸酯、阿拉伯胶和蜂蜜按照 10 ∶ 20 ∶ 70 的比例混合调匀，加温至 40 ℃调成糊状作为乳状保鲜剂，涂抹在茄子的果柄处，晾干后贮藏，能达到理想的保鲜效果。